供电企业
消防安全评价

GONGDIAN QIYE
XIAOFANG ANQUAN PINGJIA

内蒙古电力（集团）有限责任公司　编

中国电力出版社
CHINA ELECTRIC POWER PRESS

图书在版编目（CIP）数据

供电企业消防安全评价/内蒙古电力（集团）有限责任公司编. —北京：中国电力出版社，2018.3
（2019.11重印）
ISBN 978-7-5198-1607-0

Ⅰ. ①供… Ⅱ. ①内… Ⅲ. ①供电－工业企业－消防－安全评价 Ⅳ. ①TM72

中国版本图书馆 CIP 数据核字（2017）第 315839 号

出版发行：中国电力出版社
地　　址：北京市东城区北京站西街 19 号（邮政编码 100005）
网　　址：http://www.cepp.sgcc.com.cn
责任编辑：刘汝青　曹　慧（010-63412382）
责任校对：马　宁
装帧设计：王英磊　赵姗姗
责任印制：蔺义舟

印　　刷：三河市百盛印装有限公司
版　　次：2018 年 3 月第一版
印　　次：2019 年 11 月北京第二次印刷
开　　本：787 毫米×1092 毫米　16 开本
印　　张：6
字　　数：106 千字
印　　数：2001—3000 册
定　　价：30.00 元

《供电企业消防安全评价》

（评价标准篇）

编　委　会

主　　任	张叔禹	朱治海		
副 主 任	吴集光	刘华祥	郑世平	
委　　员	侯佑华	李　刚	白凤英	张晓虎	孔繁飞
	李　航	刘永江	胡宏彬	王海利	
主　　编	接建鹏	刘　瑞		
副 主 编	李　鑫	张　伟	王　磊	
编写人员	张　俊	郭艺博	齐关秋	杨文丽	郑　璐
	陈　起	胡远航	云雯贤	李清然	季春燕
	李　楠	施锐娜		
参审专家	安　军	武鹏飞	韩林泉	岳鹏飞	李玉荣
	郝　焱	李永斌	宝　音	武　越	刘志宏
	李英潮	耿宇波	张树旗	特木勒	

《供电企业消防安全评价》

（查评依据篇）

编　委　会

前　言

　　为贯彻执行《中华人民共和国消防法》和"预防为主，防消结合"的消防工作方针，加强供电企业的消防管理工作，保障电力设备和人身安全，内蒙古电力（集团）有限责任公司（以下简称内蒙古电力公司）连续多年组织消防检查组开展消防安全检查，使企业消防管理水平得到进一步提高，消防检查已成为内蒙古电力公司风险预控长效机制的重要手段，在内蒙古电力公司安全生产中发挥了重要作用。

　　国民经济的快速发展，给电网安全运行提出了更加严格的要求。结合消防新技术、新材料、新设备的发展需求，内蒙古电力公司以"标准化、规范化、专业化"为抓手，全面提升供电企业消防评估能力，强化供电企业消防安全管控。内蒙古电力公司成立了标准编制委员会，委托内蒙古电力科学研究院、内蒙古科电工程科学安全评价有限公司，依据国家和行业现行有效的消防安全管理标准、规程及电力系统相关消防管理工作规定，结合供电企业消防工作实际情况，编制了该标准。本版标准可作为供电企业今后消防安全的查评依据，也可作为基层供电单位消防管理、维护等工作的指导依据。

　　供电企业要构建安定有序的消防安全环境，在思想上高度重视消防安全工作，在规划上把消防安全纳入企业科学发展规划中，在制度上建立健全的消防安全制度并落实执行。通过建立消防安全、事故预防、事故应急预救援的发展模式，从根本上减少和预防消防事故的发生，从而保证供电企业科学、健康发展。

编　者

2017 年 12 月

评价标准篇

编制说明

　　为进一步提高企业消防安全管理水平，使消防工作规范化、标准化，内蒙古电力（集团）有限责任公司继续执行"预防为主，防消结合"的消防工作方针。2017年2月，内蒙古电力（集团）有限责任公司安全质量监察部成立了消防标准编制小组，委托内蒙古电力科学研究院、内蒙古科电工程科学安全评价有限公司依据国家、电力行业现行有效的有关消防安全的条例、规程、规定、技术标准，并结合工作实际情况，组织编写了《供电企业消防安全评价》（评价标准试行版及查评依据试行版），并经过4个月的不断修改和完善，于2017年6月正式形成《供电企业消防安全评价》（评价标准篇及查评依据篇）。

　　《供电企业消防安全评价》（评价标准篇）共分6章，主要内容包括消防合法性、消防管理、火灾隐患排查整治、办公区域消防管理、生产场所消防管理、微型消防站建设等。

　　本部分内容在编制过程中得到了内蒙古电力（集团）有限责任公司领导、相关部门，内蒙古电力科学研究院，内蒙古科电工程科学安全评价有限公司，各基层供电单位，以及原内蒙古公安消防机构专家们的大力支持，在此表示衷心感谢。

　　《供电企业消防安全评价》（评价标准篇）作为电力系统内供电企业消防安全评价的标准，可作为电力系统供电企业消防安全评价的查评准则，也可作为基层单位在消防安全管理工作方面的参考依据。

　　限于编写人员水平，加之编写时间仓促，本部分内容中难免存在疏漏和不足之处，仍需要在实践中不断完善，敬请广大读者提出宝贵意见和建议。

目　录

供电企业消防安全评价（评价标准）

序号	评价项目	标准分	评分标准	查评依据
1	消防合法性	100		
1.1	是否取得建设工程消防设计审核意见书；是否取得建设工程消防验收审核意见书；是否经过公安消防机构备案	100	取得消防设计审核意见书，但未取得消防验收审核意见书或备案的，扣50%；未取得任一意见书且未备案的，不得分；取得消防验收审核意见书或备案的，得满分	《中华人民共和国消防法》（2008年修订）第九~十四条；《电力设备典型消防规程》（DL 5027—2015）第6.3.4条
2	消防管理	190		
2.1	组织机构和职责	30		
2.1.1	是否成立消防安全委员会；是否明确消防安全责任人、消防安全管理人及其职责；是否逐级落实消防安全责任；同一建筑物由两个以上单位管理或者使用的，是否明确各方的消防安全责任，并确定责任人对共用设备设施进行统一管理	20	未确立消防安全委员会组织机构的，扣50%；未明确消防安全责任人、消防安全管理人及其职责的，扣25%；未逐级落实消防安全责任的，扣25%	《中华人民共和国消防法》（2008年修订）第十六、十八条；《机关、团体、企业、事业单位消防安全管理规定》（公安部第61号令）第四、五条；《电力设备典型消防规程》（DL 5027—2015）第1.0.4、1.0.5条
2.1.2	是否明确消防工作的归口管理职能部门；是否明确专（兼）职的消防管理人员及其职责	10	未明确消防工作归口管理职能部门的，扣60%；未明确专（兼）职消防管理人员及其职责的，扣40%	《中华人民共和国消防法》（2008年修订）第十七条；《机关、团体、企业、事业单位消防安全管理规定》（公安部第61号令）第六、七、十五条
2.2	消防安全制度建设	40		
2.2.1	消防安全管理制度是否健全。消防安全管理制度包括消防安全责任制；消防安全教育、培训制度；防火检查、巡查制度；消防安全疏散设施管理制度；消防设施器材维护管理制度；消防（控制室）值班制度；火灾隐患整改制度；用火、用电安全管理制度；灭火和应急疏散预案演练制度；易燃易爆危险物品和场所防火防爆管理制度；专职（志愿）消防队的组织管理制度；燃气和电气设备的检查和管理（包括防雷、防静电）制度；消防安全工作考评和奖惩制度；消防设备设施操作规程；根据有关规定制定的其他必要的消防安全内容。制度是否具有签字审批流程；是否及时进行修订	40	缺少基本的管理制度和操作规程，每少一项扣10%；管理制度缺少超过5项及以上，不得分；管理制度缺少签字审批流程，扣20%；未及时进行制度修订，扣20%	《中华人民共和国消防法》（2008年修订）第十六条；《机关、团体、企业、事业单位消防安全管理规定》（公安部第61号令）第十八、四十五条；《电力设备典型消防规程》（DL 5027—2015）第3.1、3.2、3.4、3.6、4.1.1条

序号	评价项目	标准分	评分标准	查评依据
2.3	消防安全管理实施	120		
2.3.1	是否开展了每日防火巡查；是否留存完整的纸质资料	10	单位办公场所或生产现场未开展每日防火巡查，不得分；开展日防火巡查，但记录内容不全、记录日期有间断，酌情扣20%~50%。无人值班变电站，此项不做考核	《中华人民共和国消防法》（2008年修订）第十七条（三）；《机关、团体、企业、事业单位消防安全管理规定》（公安部第61号令）第二十五条
2.3.2	是否开展了每月防火检查（包括办公大楼、变电站）；是否留存完整的纸质资料	10	单位未组织开展定期防火检查，不得分；未按月开展防火检查，酌情扣20%~50%；防火检查内容不全，酌情扣20%~50%；防火检查记录未签字视为无效，每月未签字记录扣20%	《中华人民共和国消防法》（2008年修订）第十六条（五）；《机关、团体、企业、事业单位消防安全管理规定》（公安部第61号令）第二十六条；《电力设备典型消防规程》（DL 5027—2015）第4.5.2条
2.3.3	是否制订了灭火和应急疏散预案；是否按规定次数完成了灭火和应急疏散演练；现场留存的纸质资料、电子资料是否齐全	20	单位未制订灭火和应急疏散预案，扣20%；未定期组织演练，不得分；组织的演练次数少于规定的次数，扣40%；进行演练后留存的纸质资料、电子资料不全，酌情扣20%~40%	《中华人民共和国消防法》（2008年修订）第十六条（六）；《机关、团体、企业、事业单位消防安全管理规定》（公安部第61号令）第三十九、四十条；《电力设备典型消防规程》（DL 5027—2015）第4.4.1~4.4.3条
2.3.4	在岗员工、新上岗员工、转岗员工是否进行了消防安全培训并经考试合格；是否开展了定期消防安全宣传教育	10	未对在岗的员工每年进行至少一次的消防安全培训，扣40%；未对新上岗和进入新岗位的员工进行岗前消防安全培训和考试，扣40%；培训的人员比例达不到要求，酌情扣20%~30%；未开展消防安全宣传教育，扣20%	《中华人民共和国消防法》（2008年修订）第十七条（四）；《机关、团体、企业、事业单位消防安全管理规定》（公安部第61号令）第三十六条；《电力设备典型消防规程》（DL 5027—2015）第4.3.1、4.3.3、4.3.4条
2.3.5	单位的消防安全责任人、消防安全管理人、专（兼）职消防管理人员和其他必要人员是否按规定接受消防安全专门培训	10	消防安全责任人、消防安全管理人、专（兼）职消防管理人员和其他必要人员未接受消防安全专门培训，酌情扣20%~50%；若以上全部人员均未参加过培训，不得分	《中华人民共和国消防法》（2008年修订）第二十一条；《电力设备典型消防规程》（DL 5027—2015）第4.3.2条；《消防控制室通用技术要求》（GB 25506—2010）第4.2.1条

序号	评价项目	标准分	评分标准	查评依据
2.3.6	对消防安全重点部位是否设置了明显的防火标志；是否完善了消防安全重点部位档案管理	10	未在消防安全重点部位设置防火标志、警示标志牌，每处扣20%；3处以上未设置标志，不得分；消防安全重点部位档案不健全，酌情扣20%~50%	《中华人民共和国消防法》（2008年修订）第十七条（二）；《机关、团体、企业、事业单位消防安全管理规定》（公安部第61号令）第十九条；《电力设备典型消防规程》（DL 5027—2015）第4.2.2、4.2.3、6.1.10条
2.3.7	是否严格执行公司"两票"管理实施细则	10	未按公司"两票"管理实施细则执行动火票审批，不得分	《机关、团体、企业、事业单位消防安全管理规定》（公安部第61号令）第二十条；《电力设备典型消防规程》（DL 5027—2015）第5.3.1、5.3.2、5.3.4~5.3.15条
2.3.8	是否定期开展了消防安全评估；是否定期开展了消防安全检测；是否聘请专业维保单位对消防设施定期开展维保工作	20	未定期开展消防安全评估，扣30%；未定期开展消防安全检测，扣30%；未按要求定期开展维保工作，扣40%	《机关、团体、企业、事业单位消防安全管理规定》（公安部第61号令）第二十八条；《中华人民共和国消防法》（2008年修订）第十六条（二）、（三）；《电力设备典型消防规程》（DL 5027—2015）第6.3.6条
2.3.9	单位每年是否有必要的消防工作经费列支	10	未列支必要的消防工作经费，不得分	《电力设备典型消防规程》（DL 5027—2015）第6.3.3条
2.3.10	消防安全档案包括消防安全基本情况和消防安全管理情况两部分内容。消防安全基本情况资料是否翔实、齐全；消防安全管理情况资料是否翔实、齐全；档案内容是否根据实际变化及时更新	10	消防安全档案内容不齐全，根据《机关、团体、企业、事业单位消防安全管理规定》（公安部第61号令）相关条款要求，每缺少一项内容，扣10%	《机关、团体、企业、事业单位消防安全管理规定》（公安部第61号令）第四十一~四十三条
3	火灾隐患排查整治	30		
3.1	是否建立火灾隐患排查、整改制度；是否建立火灾隐患档案，火灾隐患档案是否完整，整改记录是否齐全	10	未建立火灾隐患排查、整改制度，扣20%；未建立火灾隐患档案，扣80%；火灾隐患档案内容不完整，或整改记录不全，酌情扣20%~50%	《机关、团体、企业、事业单位消防安全管理规定》（公安部第61号令）第十八条（六）、第四十三条（三）
3.2	是否开展了火灾隐患整改工作；对当场不能整改的火灾隐患，是否下达了"整改通知书"；是否进行复查，实施闭环管理	10	未开展火灾隐患整改工作，不得分；检查火灾隐患整改记录、"整改通知书"、复查记录等，对于内容不完整、无整改通知单、无复查记录等，酌情扣20%~80%	《机关、团体、企业、事业单位消防安全管理规定》（公安部第61号令）第三十~三十三条

续表

序号	评价项目	标准分	评分标准	查评依据
3.3	对公安消防机构下达的隐患整改通知书是否及时落实整改	10	检查公安消防机构下达的隐患整改通知书内容,未进行整改,不得分;整改内容不全面,酌情扣20%~50%	《机关、团体、企业、事业单位消防安全管理规定》(公安部第61号令)第三十五条
4	办公区域消防管理	470		
4.1	建筑防火	20		
4.1.1	单位是否擅自改变原有建筑物的防火分区、建筑用途	20	发现擅自改变原有建筑物的防火分区或建筑用途的,不得分	《中华人民共和国消防法》(2008年修订)第十六条(四);《建筑设计防火规范》(GB 50016—2014)第5.3.1~5.3.3条
4.2	安全疏散、安全出口、应急照明	60		
4.2.1	疏散通道和安全出口是否保持畅通;是否设置了符合规定的消防安全疏散指示标志和应急照明设施,设施是否完好、有效;在疏散特殊部位(如窗口、阳台等)是否设置了妨碍应急逃生和救援的障碍物	20	疏散通道和安全出口不畅通,每处扣20%;无安全疏散指示标志和应急照明设施,每处扣10%;已配置的安全疏散指示标志和应急照明设施损坏,每处扣5%;在特殊部位设置障碍物,每处扣20%;发现5处以上,不得分	《中华人民共和国消防法》(2008年修订)第十六条(四);《机关、团体、企业、事业单位消防安全管理规定》(公安部第61号令)第二十一条;《建筑设计防火规范》(GB 50016—2014)第6.4.4、10.3.1、10.3.3、10.3.5条
4.2.2	消防车道是否保持畅通	10	严重堵占主要消防车道的,不得分;消防车道不畅通,每处扣20%;发现3处以上,不得分	《中华人民共和国消防法》(2008年修订)第十六条(四);《建筑设计防火规范》(GB 50016—2014)第7.1.5、7.1.8、7.1.9条
4.2.3	是否损坏、挪用或者擅自拆除、停用消防设施、器材;是否埋压、圈占、遮挡消火栓或占用防火间距	20	消防设施、器材被损坏、挪用或者擅自拆除、停用,每处扣20%;消火栓被埋压、圈占、遮挡,每处扣20%;防火间距被占用,每处扣20%。发现3处以上,不得分	《中华人民共和国消防法》(2008年修订)第二十八条;《电力设备典型消防规程》(DL 5027—2015)第6.1.19、6.3.2条
4.2.4	是否按规范要求设置防火门、防火卷帘;防火门是否贴有永久性标识;防火门是否按要求安装闭门器、顺序器;防火门框内是否按要求灌注水泥砂浆;防火卷帘是否起降正常;防火卷帘的耐火完整性和耐火隔热性是否符合要求	10	未按要求配置防火门、防火卷帘,每处扣20%;防火门、防火卷帘不符合规范要求,每处扣10%;发现3处以上,不得分	《防火门》(GB 12955—2008)第5.3.3~5.3.7、5.9.2、5.10、8.1.1条;《建筑设计防火规范》(GB 50016—2014)第6.1.16、6.2.7、6.2.9、6.4.3、6.4.5、6.4.11、6.5.1、6.5.3条;《防火卷帘》(GB 14102—2005)第6.4.7条;《电力调度通信中心工程设计规范》(GB/T 50980—2014)第4.6.2条

序号	评价项目	标准分	评分标准	查评依据
4.3	消防控制室	60		
4.3.1	是否建立消防控制室管理制度；火灾自动报警或联动控制系统装置旁是否贴有操作流程；主机面盘是否贴有相应标识；盘柜内接线是否整齐、有序，并有对应标号；相应竣工图纸、说明书、值班记录等资料是否齐全	10	控制室内无管理制度，扣20%；主机旁无操作流程，扣20%；主机面盘无标识，接线无标号，扣20%；消防控制室档案资料不齐全，酌情扣10%~40%	《火灾自动报警系统设计规范》（GB 50116—2013）第3.4.4条；《建筑设计防火规范》（GB 50016—2014）第8.1.7条
4.3.2	是否配置了外线电话、应急照明、灭火器、通信联络工具；主机是否设置保护接地、工作接地	20	控制室内未配置外线电话，扣40%；未配置应急照明、灭火器、通信联络工具，酌情扣10%~30%；主机未设置保护接地、工作接地，扣30%	《火灾自动报警系统设计规范》（GB 50116—2013）第3.4.3、10.2.2~10.2.4条
4.3.3	消防控制室是否配置了取得建（构）筑物初级技能以上等级职业资格证书的值班人员；是否24h有人值班，每班人员不少于2人；值班人员是否熟练掌握消防设备操作和使用方法及应急预案的内容；是否填写了交接班记录；检查记录是否齐全	30	控制室未配置值班人员，不得分；值班人员未取得建（构）筑物初级技能以上等级职业资格证书，不得分；配置人数不满足要求，酌情扣30%~60%；值班人员对消防设施操作流程不熟悉、对火灾报警流程不熟悉、对应急预案不熟悉，酌情扣20%~30%；未填写交接班记录或交接班记录不全，酌情扣20%~30%	《消防控制室通用技术要求》（GB 25506—2010）第4.2.1条；消防"四能四会"要求
4.4	灭火器材	30		
4.4.1	单位是否配置了符合国家标准的灭火器；灭火器配置数量是否充足；灭火器是否完好、有效	10	未配置灭火器，不得分；灭火器与使用场所不相应，每处扣20%；未按规定规格配置足量灭火器，每处扣20%；灭火器不符合要求，出现欠压的，每处扣20%	《建筑灭火器配置设计规范》（GB 50140—2005）第5.1、6.1条
4.4.2	对不符合要求的灭火器是否及时进行维修和更换	10	未及时对有缺陷或过期的灭火器进行维修与更换，每处扣20%	《灭火器维修》（GA 95—2015）第7.1、7.2条
4.4.3	灭火器是否建立台账；灭火器台账信息是否齐全；灭火器是否定期进行巡检；灭火器的设置位置是否符合要求；灭火器旁是否贴有操作流程	10	灭火器未建立台账，扣40%；台账信息不齐全，酌情扣10%~30%；灭火器未定期进行巡检，扣30%；灭火器摆放不符合要求，扣20%；灭火器旁未张贴操作流程，扣10%	《机关、团体、企业、事业单位消防安全管理规定》（公安部第61号令）第二十九条
4.5	火灾自动报警系统	80		

序号	评价项目	标准分	评分标准	查评依据
4.5.1	消防控制室内的火灾报警控制系统、消防联动控制器、消防图形显示装置、消防电话总机、消防应急广播、消防电梯等设备是否完好、有效	40	设备未投入使用或处于瘫痪状态，不得分；设备的部分功能无法正常使用，酌情扣20%~80%	《消防控制室通用技术要求》（GB 25506—2010）第3.1条；《火灾自动报警系统设计规范》（GB 50116—2013）第3.2.1~3.2.3、3.4.8条；《建筑设计防火规范》（GB 50016—2014）第7.3.7、7.3.8条
4.5.2	是否按照规范要求安装火灾自动报警系统主机、火灾报警探测器、手动报警按钮、消火栓报警按钮、火灾显示盘等；组件配置是否齐全，功能是否完备	10	火灾自动报警系统未投入使用，不得分；对于部分安装不符合要求和未配置必要的设备的，酌情扣20%~50%；对于部分功能未正常投入使用的，酌情扣20%~50%	《火灾自动报警系统施工及验收规范》（GB 50166—2007）第3.4.1、6.2.1条；《电力设备典型消防规程》（DL 5027—2015）第6.3.9、6.3.11条；《火灾自动报警系统设计规范》（GB 50116—2013）6.2.2、6.2.3、6.2.18条
4.5.3	火灾自动报警系统是否接入本单位或上级24h有人值守的消防监控场所，并有声光警示功能	10	火灾自动报警系统未接入相应消防监控场所，不得分	《消防控制室通用技术要求》（GB 25506—2010）第3.2条；《电力设备典型消防规程》（DL 5027—2015）第6.3.8条；《火灾自动报警系统设计规范》（GB 50116—2013）第3.2.2条
4.5.4	火灾自动报警系统是否定期进行功能检查和试验；检查和试验记录是否齐全	10	未定期对系统进行检查并填写相应记录，每缺少一项扣20%；每项检查记录不全，酌情扣10%~20%	《火灾自动报警系统施工及验收规范》（GB 50166—2007）第6.2.2~6.2.4条
4.5.5	是否定期对点型感烟火灾探测器进行清洗	10	未按照要求定期进行清洗，不得分	《火灾自动报警系统施工及验收规范》（GB 50166—2007）第6.2.5条
4.6	消防水系统	120		
4.6.1	消防水池或高位水箱水量是否充足；是否有就地水位显示装置；是否在消防控制中心或值班室等地点设置显示消防水池或高位水箱水位的装置，同时有最高和最低报警水位；是否在冬季对消防水池、高位水箱、消火栓管道采取了防冻措施	20	消防水池或高位水箱无水位监视，每处扣20%；用水量不足，每处扣20%；冬季未采取防冻措施，扣20%	《消防控制室通用技术要求》（GB 25506—2010）第4.2.1条；《消防给水及消火栓系统技术规范》（GB 50974—2014）第4.3.8、4.3.9、5.2.6条

序号	评价项目	标准分	评分标准	查评依据
4.6.2	消防水泵房、高位水箱间的疏散门是否直通室外或安全出口；疏散门是否为防火门，是否向疏散方向开启；是否贴有相应的操作流程；是否有消防分机电话；是否配置了应急照明；设备标识是否清晰、齐全	10	消防水泵房、高位水箱间疏散门不符合要求，每处扣30%；设备间缺少分机电话、应急照明，每处扣10%；操作流程及标识不全，每处扣10%	《建筑设计防火规范》（GB 50016—2014）第8.1.6条
4.6.3	消防水泵、稳压设施是否完好、有效；阀门是否处于正常工作状态	30	设施设备均应处于有效状态，每发现一处未正常工作或未处于正常工作状态，扣20%	《消防控制室通用技术要求》（GB 25506—2010）第4.2.1条
4.6.4	消火栓系统内水压是否满足要求；消火栓是否定期进行检查并填写记录；消火栓安装是否符合要求；消火栓阀门是否启闭灵活；消火栓箱是否贴有操作流程；水泵接合器是否完好、有效	30	消火栓系统内无水，不得分。消火栓系统内水压不足，扣50%。未定期对消火栓进行检查和维护保养，扣30%；记录不全的，酌情扣10%~20%。消火栓安装不符合要求，每处扣10%；消火栓箱未张贴操作流程，扣10%；水泵接合器未处于有效状态，每处扣10%	《中华人民共和国消防法》（2008年修订）第十六条（二）、（三）；《自动喷水灭火系统施工及验收规范》（GB 50261—2005）第4.5.2、4.5.3条；《消防给水及消火栓系统技术规范》（GB 50974—2014）第7.2.11、7.4.2、7.4.5、7.4.6、7.4.8、7.4.9、7.4.12、8.3.7、12.3.9、12.3.10条；《建筑设计防火规范》（GB 50016—2014）第8.2.1条
4.6.5	自动喷水灭火系统（喷淋系统、水喷雾系统）是否完好、有效；操作流程、标识是否齐全；是否定期对自动喷水灭火系统进行检查和维护保养，并留存记录	30	自动喷水灭火系统未处于有效状态，每处扣20%。操作流程和标识不全，每处扣10%。未定期对自动喷水灭火系统进行检查和维护保养，扣50%；记录不全的，酌情扣分	《水喷雾灭火系统技术规范》（GB 50219—2014）第3.2.3、6.0.8、8.2.5、10.0.1、10.0.3条；《自动喷水灭火系统施工及验收规范》（GB 50261—2005）第9.0.1、9.0.2条
4.7	气体灭火系统	20		
4.7.1	气体灭火系统是否完好、有效；操作流程、标识是否齐全；是否定期对气体灭火系统进行检查和维护保养，并留存记录	20	气体灭火系统未处于有效状态，不得分；操作流程和标识、记录不全，酌情扣20%~40%；未定期对气体灭火系统进行检查和维护保养，扣50%	《电力调度通信中心工程设计规范》（GB/T 50980—2014）第2.0.2、4.6.1条；《气体灭火系统设计规范》（GB 50370—2005）第3.1.15、3.1.16、3.2.7、3.2.9、3.3.7、4.1.4、6.0.1、6.0.3、6.0.4条
4.8	电缆和防火封堵	30		
4.8.1	穿越墙壁、楼板和电缆沟道而进入控制室、电缆夹层、控制柜及仪表盘、保护盘等处的电缆孔、洞、竖井是否用防火堵料严密封堵；是否按要求进行了防火涂料的涂刷	20	未有效进行防火封堵和涂刷防火涂料，每发现一处，扣20%	《电力设备典型消防规程》（DL 5027—2015）第10.5.3、10.5.4、10.5.9~10.5.12、10.5.14条；《建筑设计防火规范》（GB 50016—2014）第6.2.9、6.3.5条

续表

序号	评价项目	标准分	评分标准	查评依据
4.8.2	电缆夹层、隧（廊）道、竖井、电缆沟内是否整洁；排水沟、电缆沟、管沟等沟坑内是否存在积油现象	10	电缆夹层、隧（廊）道、竖井、电缆沟内堆放杂物，电缆沟洞等沟坑内积油未及时清理，每发现一处，扣20%	《电力设备典型消防规程》（DL 5027—2015）第6.1.14、10.5.6条
4.9	防排烟系统	10		
4.9.1	是否按照规定配置防排烟系统；防排烟系统是否实时、有效；防排烟系统是否能够实现联动控制	10	未按规定配置防排烟系统或防排烟系统未处于有效工作状态，不得分；系统存在缺陷的，酌情扣20%～60%	《建筑设计防火规范》（GB 50016—2014）第8.5.1、8.5.3、8.5.4条
4.10	消防供电	10		
4.10.1	消防用电设备是否采用专用的供电回路；消防控制室、消防水泵房、防烟和排烟风机房的消防用电设备及消防电梯等的供电，是否在其配电线路的最末一级配电箱处设置自动切换装置	10	未采用专用供电回路，不得分；未在配电线路的最末一级配电箱处设置自动切换装置，每处扣50%	《建筑设计防火规范》（GB 50016—2014）第10.1.6、10.1.8、10.1.10条
4.11	其他	30		
4.11.1	是否按照规范要求配置正压式消防空气呼吸器、防毒面具等；正压式消防空气呼吸器的使用人员是否经过培训；正压式消防空气呼吸器、防毒面具等是否存放于专用的设备柜内	10	未配置正压式消防空气呼吸器、防毒面具，不得分；配置的数量不满足要求，酌情扣20%～50%；使用人员未经过专业培训，扣20%；正压式消防空气呼吸器、防毒面具等未存放于专用设备柜内，扣10%	《电力设备典型消防规程》（DL 5027—2015）第14.4.1～14.4.3条
4.11.2	蓄电池室是否贴有必需的警示标识和禁令标识；室内设备是否符合防爆要求	10	蓄电池室缺少警示标识和禁令标识，扣20%；室内设备不符合防爆要求，每处扣20%	《电力设备典型消防规程》（DL 5027—2015）第10.6.1、10.6.2条
4.11.3	电气线路、设备的设计和安装是否符合相关规范要求	10	未按照规范进行设计和安装，不得分；部分设计或安装有误，每处扣20%	《建筑电气工程施工质量验收规范》（GB 50303—2015）第3.2.7、3.2.11条
5	生产场所消防管理	550		
5.1	建筑防火	20		
5.1.1	变电站是否擅自改变原有建筑物的防火分区、建筑用途	20	发现擅自改变原有建筑物的防火分区或建筑用途的，不得分	《中华人民共和国消防法》（2008年修订）第十六条(四)；《火力发电厂与变电站设计防火规范》（GB 50229—2006）第4.0.8、6.6.2～6.6.4、11.1.4条
5.2	安全疏散、安全出口、应急照明	60		

序号	评价项目	标准分	评分标准	查评依据
5.2.1	疏散通道和安全出口是否保持畅通；是否设置了符合规定的消防安全疏散指示标志和应急照明设施，设施是否完好、有效；在疏散特殊部位（像窗口、阳台等）是否设置了妨碍应急逃生和救援的障碍物	20	疏散通道和安全出口不畅通，每处扣20%；无安全疏散标识和应急照明设施，每处扣10%；已配置的安全疏散标识和应急照明设施损坏，每处扣5%；在特殊部位设置障碍物，每处扣20%；发现5处以上，不得分	《中华人民共和国消防法》（2008年修订）第十六条(四)；《机关、团体、企业、事业单位消防安全管理规定》（公安部第61号令）第二十一条；《火力发电厂与变电站设计防火规范》（GB 50229—2006）第11.7.2条
5.2.2	消防车道是否保持畅通	10	严重堵占主要消防车道的，不得分；消防车道不畅通，每处扣20%；发现3处以上，不得分	《中华人民共和国消防法》（2008年修订）第十六条(四)；《建筑设计防火规范》（GB 50016—2014）第7.1.5、7.1.8、7.1.9条
5.2.3	是否损坏、挪用或者擅自拆除、停用消防设施、器材；是否埋压、圈占、遮挡消火栓或者占用防火间距	20	消防设施、器材被损坏、挪用或者擅自拆除、停用，每处扣20%；消火栓被埋压、圈占、遮挡，每处扣20%；防火间距被占用，每处扣20%；发现3处以上，不得分	《中华人民共和国消防法》（2008年修订）第二十八条；《电力设备典型消防规程》（DL 5027—2015）第6.1.19、6.3.2条
5.2.4	是否按规范要求设置防火门、防火卷帘；防火门是否贴有永久性标识；防火门是否按要求安装闭门器、顺序器；防火门框内是否按要求灌注水泥砂浆；防火卷帘是否起降正常；防火卷帘耐火完整性和耐火隔热性是否符合要求	10	未按要求配置防火门、防火卷帘，每处扣20%；防火门、防火卷帘不符合规范要求，每处扣10%；发现3处以上，不得分	《防火门验收规范》（GB 12955—2008）第5.3.3~5.3.7、5.9.2、5.10、8.1.1条；《建筑设计防火规范》（GB 50016—2014）第6.1.16、6.2.7、6.2.9、6.4.3、6.4.5、6.4.11、6.5.1、6.5.3条；《火力发电厂与变电站设计防火规范》（GB 50229—2006）第11.4.1条
5.3	消防控制室	60		
5.3.1	是否建立消防控制室管理制度；火灾自动报警或联动控制系统装置旁是否贴有操作流程；主机面盘是否贴有相应标识；盘柜内接线是否整齐、有序，并有对应标号；相应竣工图纸、说明书、值班记录等资料是否齐全	10	控制室内无管理制度，扣20%；主机旁无操作流程，扣20%；主机面盘无标识，接线无标号，合计扣20%；消防控制室档案资料不齐全，酌情扣10%~40%	《火灾自动报警系统设计规范》（GB 50116—2013）第3.4.4条；《建筑设计防火规范》（GB 50016—2014）第8.1.7条
5.3.2	是否配置了外线电话、应急照明、灭火器、通信联络工具；主机是否设置保护接地、工作接地	20	控制室内未配置外线电话，扣40%；未配置应急照明、灭火器、通信联络工具，酌情扣10%~30%；主机未设置保护接地、工作接地，扣30%	《火灾自动报警系统设计规范》（GB 50116—2013）第3.4.3、10.2.2~10.2.4条

续表

序号	评价项目	标准分	评分标准	查评依据
5.3.3	消防控制室是否配置了取得建（构）筑物初级技能以上等级职业资格证书的值班人员；是否24h有人值班，每班人员不少于2人；值班人员是否熟练掌握消防设备操作和使用方法及应急预案的内容；是否填写了交接班记录；检查记录是否齐全	30	控制室未配置值班人员，不得分；值班人员未取得建（构）筑物初级技能以上等级职业资格证书，不得分；配置人数不满足要求，酌情扣30%~60%；没有交接班记录或交接班记录不全的，酌情扣20%~30%；值班人员对消防设施操作流程、火灾报警流程、应急预案不熟悉，酌情扣20%~30%	《消防控制室通用技术要求》（GB 25506—2010）第4.2.1条；参照消防"四能四会"要求
5.4	灭火器材	40		
5.4.1	变电站是否配置了符合国家标准的灭火器；灭火器配置数量是否充足；灭火器是否完好、有效	10	未配置灭火器，不得分；灭火器与使用场所不相应，每处扣20%；未按规定规格配置足量灭火器，每处扣20%；灭火器不符合要求，出现欠压的，每处扣20%	《建筑灭火器配置设计规范》（GB 50140—2005）第5.1、6.1条；《电力设备典型消防规程》（DL 5027—2015）附录G.1
5.4.2	对不符合要求的灭火器是否及时进行维修和更换	10	未及时对有缺陷或过期的灭火器进行维修与更换，每处扣20%	《灭火器维修》（GA 95—2015）第7.1、7.2条
5.4.3	是否建立灭火器台账；灭火器台账信息是否齐全；灭火器是否定期进行巡检；灭火器的设置位置是否符合要求；灭火器旁是否贴有操作流程	10	灭火器未建立台账，扣40%；台账信息不齐全，酌情扣10%~30%；灭火器未定期进行巡检，扣30%；灭火器摆放不符合要求，扣20%；灭火器旁未张贴操作流程，扣10%	《机关、团体、企业、事业单位消防安全管理规定》（公安部第61号令）第二十九条
5.4.4	油浸变压器、油浸电抗器、电容器、油处理室、特种材料库等处是否设置了消防砂箱或砂桶；砂量是否充足	10	未按要求设置消防砂箱或砂桶等，每处扣20%；砂量不充足，每处扣10%	《电力设备典型消防规程》（DL 5027—2015）第6.1.7条
5.5	火灾自动报警系统	90		
5.5.1	消防控制室内的火灾报警控制系统、消防联动控制器、消防图形显示装置、消防电话总机、消防应急广播、消防电梯等设备是否完好、有效	40	设备未投入使用或处于瘫痪状态，不得分；设备的部分功能无法正常使用，酌情扣20%~80%	《消防控制室通用技术要求》（GB 25506—2010）第3.1条；《火灾自动报警系统设计规范》（GB 50116—2013）第3.2.1~3.2.3、3.4.8条
5.5.2	是否按照规范要求安装火灾自动报警系统主机、火灾报警探测器、手动报警按钮、消火栓报警按钮、火灾显示盘等；组件配置是否齐全，功能是否完备	10	火灾自动报警系统未投入使用，不得分；对于部分安装不符合要求和未配置必要的设备的，酌情扣20%~50%；对于部分功能未正常投入使用的，酌情扣20%~50%	《火灾自动报警系统施工及验收规范》（GB 50166—2007）第3.4.1、6.2.1条；《电力设备典型消防规程》（DL 5027—2015）第6.3.9、6.3.11条；《火灾自动报警系统设计规范》（GB 50116—2013）第6.2.2、6.2.3、6.2.18条；《火力发电厂与变电站设计防火规范》（GB 50229—2006）第11.5.21、11.5.23条

序号	评价项目	标准分	评分标准	查评依据
5.5.3	火灾自动报警系统是否接入本单位或上级24h有人值守的消防监控场所，并有声光警示功能	10	火灾自动报警系统未接入相应消防监控场所的，不得分	《消防控制室通用技术要求》（GB 25506—2010）第3.2条；《电力设备典型消防规程》（DL 5027—2015）第6.3.8条；《火灾自动报警系统设计规范》（GB 50116—2013）第3.2.2条
5.5.4	火灾自动报警系统是否定期进行了功能检查和试验；检查和试验记录是否齐全	10	未定期对系统进行检查并填写相应记录，每缺少一项扣20%；每项检查记录不全的，酌情扣10%～20%	《火灾自动报警系统施工及验收规范》（GB 50166—2007）第6.2.2～6.2.4条
5.5.5	是否定期对点型感烟火灾探测器进行清洗	10	未按照要求定期进行清洗，不得分	《火灾自动报警系统施工及验收规范》（GB 50166—2007）第6.2.5条
5.5.6	下列场所和设备处是否设置了火灾自动报警系统：（1）主控通信室、配电装置室、可燃介质电容器室、继电器室。（2）地下变电站、无人值班的变电站，其主控通信室、配电装置室、可燃介质电容器室、继电器室应设置火灾自动报警系统，无人值班变电站应将火警信号传至上级有关单位。（3）采用固定灭火系统的油浸变压器。（4）地下变电站的油浸变压器。（5）220kV及以上变电站的电缆夹层及电缆竖井。（6）地下变电站、户内无人值班的变电站的电缆夹层及电缆竖井	10	在需要设置火灾自动报警系统的地方未安装火灾自动报警系统，每处扣50%；两处及以上，不得分	《火力发电厂与变电站设计防火规范》（GB 50229—2006）第11.5.20条
5.6	消防水系统	120		
5.6.1	消防水池或高位水箱的水量是否充足；是否有就地水位显示装置；是否在消防控制中心或值班室等地点设置显示消防水池或高位水箱水位的装置，同时有最高和最低报警水位；是否在冬季对消防水池、高位水箱、消火栓管道采取了防冻措施	20	用水量不足，每处扣20%；消防水池或高位水箱无水位监视，每处扣20%；冬季未采取防冻措施，扣20%	《消防控制室通用技术要求》（GB 25506—2010）第4.2.1条；《消防给水及消火栓系统技术规范》（GB 50974—2014）第4.3.8、4.3.9、5.2.6条；《火力发电厂与变电站设计防火规范》（GB 50229—2006）第11.5.1、11.5.3、11.5.6、11.5.8、11.5.11、11.5.14条

续表

序号	评价项目	标准分	评分标准	查评依据
5.6.2	消防水泵房、高位水箱间的疏散门是否直通室外或安全出口；疏散门是否为防火门，是否向疏散方向开启；是否贴有相应的操作流程；是否有消防分机电话；是否配置了应急照明；设备标识是否清晰、齐全	10	消防水泵房、高位水箱间疏散门不符合要求，每处扣30%；设备间缺少分机电话、应急照明，每处扣10%；操作流程及标识不全，每处扣10%	《建筑设计防火规范》（GB 50016—2014）第8.1.6条
5.6.3	消防水泵、稳压设施是否完好、有效；阀门是否处于正常工作状态	30	设施设备均应处于有效状态，每发现一处未正常工作或未处于正常工作状态，扣20%	《消防控制室通用技术要求》（GB 25506—2010）第4.2.1条
5.6.4	消火栓系统内水压是否满足要求；消火栓是否定期进行检查并填写记录；消火栓安装是否符合要求；消火栓阀门是否启闭灵活；消火栓箱是否贴有操作流程；水泵接合器是否完好、有效	30	消火栓系统内无水，不得分。消火栓系统内水压不足，扣50%。未定期对消火栓进行检查和维护保养，扣30%；记录不全的，酌情扣10%~20%；消火栓安装不符合要求的，每处扣10%；消火栓箱无操作流程，扣10%；水泵接合器未处于有效状态，每处扣10%	《中华人民共和国消防法》（2008年修订）第十六条（二）、（三）；《自动喷水灭火系统施工及验收规范》（GB 50261—2005）第4.5.2、4.5.3条；《消防给水及消火栓系统技术规范》（GB 50974—2014）第7.2.11、7.4.2、7.4.5、7.4.6、7.4.8、7.4.9、7.4.12、8.3.7、12.3.9、12.3.10条
5.6.5	自动喷水灭火系统（喷淋系统、水喷雾系统）是否完好、有效；操作流程、标识是否齐全；是否定期对自动喷水灭火系统进行检查和维护保养，并留存记录	30	自动喷水灭火系统未处于有效状态，每处扣20%。操作流程和标识不齐全，每处扣10%。未定期对自动喷水灭火系统进行检查和维护保养，扣50%；记录不全的，酌情扣分	《火力发电厂与变电站设计防火规范》（GB 50229—2006）第11.5.4条
5.7	泡沫灭火系统	20		
5.7.1	泡沫灭火设施是否完好、有效；操作流程和标识、记录是否齐全；是否定期对泡沫灭火设施进行检查和维护保养，并留存记录	20	泡沫灭火设施未处于有效状态，不得分；操作流程和标识、记录不齐全，酌情扣20%~40%；未定期对泡沫灭火设施进行检查和维护保养，扣50%	《泡沫灭火系统设计规范》（GB 50151—2010）第3.1.1、3.7.1条
5.8	气体灭火系统	20		
5.8.1	气体灭火系统是否完好、有效；操作流程和标识、记录是否齐全；是否定期对气体灭火系统进行检查和维护保养，并留存记录	20	气体灭火系统未处于有效状态，不得分；操作流程和标识、记录不齐全的，酌情扣20%~40%；未定期对气体灭火系统进行检查和维护保养，扣50%	《气体灭火系统设计规范》（GB 50370—2005）第3.1.15、3.1.16、3.2.7、3.2.9、3.3.7、4.1.4、6.0.1、6.0.3、6.0.4条
5.9	电缆和防火封堵	30		
5.9.1	穿越墙壁、楼板和电缆沟道而进入控制室、电缆夹层、控制柜及仪表盘、保护盘等处的电缆孔、洞、竖井是否用防火	20	未有效进行防火封堵或涂刷防火涂料的，每发现一处，扣20%，发现三处及以上，不得分	《电力设备典型消防规程》（DL 5027—2015）第10.5.3、10.5.4、10.5.9~10.5.12、10.5.14条

序号	评价项目	标准分	评分标准	查评依据
5.9.1	堵料严密封堵；是否按要求进行了防火涂料的涂刷	20	未有效进行防火封堵或涂刷防火涂料的，每发现一处，扣20%，发现三处及以上，不得分	《建筑设计防火规范》（GB 50016—2014）第6.2.9、6.3.5条 《火力发电厂与变电站设计防火规范》（GB 50229—2006）第11.3.1~11.3.3条
5.9.2	电缆夹层、隧（廊）道、竖井、电缆沟内是否整洁；排水沟、电缆沟、管沟等沟坑内是否存在积油现象	10	电缆夹层、隧（廊）道、竖井、电缆沟内堆放杂物，电缆沟洞等沟坑内积油未及时清理，每发现一处，扣20%；发现两处及以上，不得分	《电力设备典型消防规程》（DL 5027—2015）第6.1.14、10.5.6条
5.10	油浸变压器	10		
5.10.1	油浸变压器是否设置了贮油或挡油设施；充油、储油设备是否出现渗、漏油现象；油管道连接是否牢固、严密	10	未设置变压器贮油或挡油设施，不得分；设置的贮油或挡油设施不符合要求，每处扣20%；充油、储油设备有渗、漏油的，每处扣20%	《电力设备典型消防规程》（DL 5027—2015）第10.3.1、10.3.6、10.3.7、10.7.3条；《火力发电厂与变电站设计防火规范》（GB 50229—2006）第6.6.6~6.6.8、11.2.2条
5.11	排油注氮系统	30		
5.11.1	排油注氮装置的氮气瓶是否符合规定要求；消防控制柜功能是否完备、有效	10	配置的氮气瓶不符合规定，扣50%；消防控制柜不能正常工作，酌情扣10%~50%	《油浸变压器排油注氮装置技术规程》（CECS 187—2005）第3.1.2、3.2.4~3.2.7、3.3.6条；《电力设备典型消防规程》（DL 5027—2015）第10.3.3条
5.11.2	排油注氮消防系统档案资料是否齐全；是否定期对设备进行检查并留存记录；运行管理人员是否熟悉排油注氮装置的原理、性能和操作使用	20	系统档案资料不全，酌情扣10%~30%。未开展定期检查工作，扣50%；检查内容不全，或填写记录不完整，酌情扣10%~30%；运行人员不熟悉排油注氮装置的原理、性能和操作使用，视具体情况扣20%~50%	《油浸变压器排油注氮装置技术规程》（CECS 187—2005）第4.5.4、5.1.4、5.2.1、5.2.2、5.2.4条
5.12	防排烟系统	10		
5.12.1	是否按照规定配置防排烟系统；防排烟系统是否实时、有效；防排烟系统是否能够实现联动控制	10	防排烟系统未处于有效工作状态，不得分；系统存在缺陷，酌情扣20%~60%	《建筑设计防火规范》GB 50016—2014）8.5.1、8.5.3、8.5.4条；《电力设备典型消防规程》（DL 5027—2015）第12.3.5条
5.13	消防供电	10		
5.13.1	消防用电设备采用双电源或双回路供电时，是否在最末一级配电箱处自动切换；消防用电设备采用单独的供电回路，当发生火灾切断生产、生活用电时，是否能保证消防用电	10	未采用专用供电回路，不得分；未在配电线路的最末一级配电箱处设置自动切换装置，每处扣50%	《火力发电厂与变电站设计防火规范》（GB 50229—2006）第11.7.1条

序号	评价项目	标准分	评分标准	查评依据
5.14	其他	30		
5.14.1	是否按照规范要求配置正压式消防空气呼吸器、防毒面具等；正压式消防空气呼吸器的使用人员是否经过培训；正压式消防空气呼吸器、防毒面具是否存放于专用的设备柜内	10	未配置正压式消防空气呼吸器、防毒面具，不得分；配置的数量不满足要求，酌情扣20%～50%；使用人员未经过专业培训，扣20%；正压式消防空气呼吸器、防毒面具未存于专用设备柜内，扣10%	《电力设备典型消防规程》（DL 5027—2015）第14.4.1～14.4.3条
5.14.2	蓄电池室是否贴有必需的警示标识和禁令标识；室内设备是否符合防爆要求	10	蓄电池室缺少警示标识和禁令标识，扣20%；室内设备不符合防爆要求，每处扣20%	《电力设备典型消防规程》（DL 5027—2015）第10.6.1、10.6.2条
5.14.3	电气线路、设备设计和安装是否符合相关规范要求	10	未按照规范进行设计和安装，不得分；部分设计或安装有误，每处扣20%	《建筑电气工程施工质量验收规范》（GB 50303—2015）第3.2.7、3.2.11条
6	微型消防站建设	40		
6.1	是否建立了微型消防站，并按要求配备了相应的消防装备、器材；是否成立了义务消防队；是否建立了规章制度、组织机构，明确了人员职责；是否组织消防队员进行了业务学习和灭火技能培训	40	未建立微型消防站，无站房器材等，扣40%；未成立义务消防队，人员配备不符合要求，扣20%；未建立相应的规章制度、组织机构，未明确人员职责，扣20%；未组织消防业务学习和灭火技能培训，扣20%	《机关、团体、企业、事业单位消防安全管理规定》（公安部第61号令）第二十三条；《消防安全重点单位微型消防站建设标准（试行）》（公消〔2015〕301号）

查评依据篇

编制说明

1. 本查评依据按照《供电企业消防安全评价》（评价标准篇）评价项目的序号编排。

2. 同一评价项目的依据，按各有关标准规范的内容分别集中编排，且同一标准规范的有关内容仍按原条文序号编排（可能有因未选造成空号），使用时需注意对同一评价项目的依据进行全面浏览，以免遗漏。

3. 查评时，若本书引用的标准规范已经修订或作废，则以新的标准规范为准。标准之间有矛盾时，一般以颁发日期较后者为准。

4. 本书引用的查评依据可根据查评时本单位的技术水平和消防安全管理政策具体掌握。

目　录

1 消防合法性

1.1 本条评价项目的查评依据如下。

依据 1 《中华人民共和国消防法》（2008 年修订）

第九条 建设工程的消防设计、施工必须符合国家工程建设消防技术标准。建设、设计、施工、工程监理等单位依法对建设工程的消防设计、施工质量负责。

第十条 按照国家工程建设消防技术标准需要进行消防设计的建设工程，除本法第十一条另有规定的外，建设单位应当自依法取得施工许可之日起七个工作日内，将消防设计文件报公安机关消防机构备案，公安机关消防机构应当进行抽查。

第十一条 国务院公安部门规定的大型的人员密集场所和其他特殊建设工程，建设单位应当将消防设计文件报送公安机关消防机构审核。公安机关消防机构依法对审核的结果负责。

第十二条 依法应当经公安机关消防机构进行消防设计审核的建设工程，未经依法审核或者审核不合格的，负责审批该工程施工许可的部门不得给予施工许可，建设单位、施工单位不得施工；其他建设工程取得施工许可后经依法抽查不合格的，应当停止施工。

第十三条 按照国家工程建设消防技术标准需要进行消防设计的建设工程竣工，依照下列规定进行消防验收、备案：

（一）本法第十一条规定的建设工程，建设单位应当向公安机关消防机构申请消防验收；

（二）其他建设工程，建设单位在验收后应当报公安机关消防机构备案，公安机关消防机构应当进行抽查。

依法应当进行消防验收的建设工程，未经消防验收或者消防验收不合格的，禁止投入使用；其他建设工程经依法抽查不合格的，应当停止使用。

第十四条 建设工程消防设计审核、消防验收、备案和抽查的具体办法，由国务院公安部门规定。

依据 2 《电力设备典型消防规程》（DL 5027—2015）

6.3.4 新建、扩建和改建工程或项目，需要设置消防设施的，消防设施与主体设备或项目应同时设计、同时施工、同时投入生产或使用，并通过消防验收。

2 消防管理

2.1 组织机构和职责

2.1.1 本条评价项目的查评依据如下。

依据 1 《中华人民共和国消防法》(2008 年修订)

第十六条 机关、团体、企业、事业等单位应当履行下列消防安全职责:

(一)落实消防安全责任制,制定本单位的消防安全制度、消防安全操作规程,制定灭火和应急疏散预案;

(二)按照国家标准、行业标准配置消防设施、器材,设置消防安全标志,并定期组织检验、维修,确保完好有效;

(三)对建筑消防设施每年至少进行一次全面检测,确保完好有效,检测记录应当完整准确,存档备查;

(四)保障疏散通道、安全出口、消防车通道畅通,保证防火防烟分区、防火间距符合消防技术标准;

(五)组织防火检查,及时消除火灾隐患;

(六)组织进行有针对性的消防演练;

(七)法律、法规规定的其他消防安全职责。

单位的主要负责人是本单位的消防安全责任人。

第十八条 同一建筑物由两个以上单位管理或者使用的,应当明确各方的消防安全责任,并确定责任人对共用的疏散通道、安全出口、建筑消防设施和消防车通道进行统一管理。

依据 2 《机关、团体、企业、事业单位消防安全管理规定》(公安部第 61 号令)

第四条 法人单位的法定代表人或者非法人单位的主要负责人是单位的消防安全责任人,对本单位的消防安全工作全面负责。

第五条 单位应当落实逐级消防安全责任制和岗位消防安全责任制,明确逐级和岗位消防安全职责,确定各级、各岗位的消防安全责任人。

依 据 3 《电力设备典型消防规程》（DL 5027—2015）

1.0.4 消防安全管理人对单位的消防安全责任人负责。

1.0.5 单位成立安全生产委员会，履行消防安全职责。

2.1.2 本条评价项目的查评依据如下。

依 据 1 《中华人民共和国消防法》（2008 年修订）

第十七条 县级以上地方人民政府公安机关消防机构应当将发生火灾可能性较大以及发生火灾可能造成重大的人身伤亡或者财产损失的单位，确定为本行政区域内的消防安全重点单位，并由公安机关报本级人民政府备案。

消防安全重点单位除应当履行本法第十六条规定的职责外，还应当履行下列消防安全职责：

（一）确定消防安全管理人，组织实施本单位的消防安全管理工作。

（二）建立消防档案，确定消防安全重点部位，设置防火标志，实行严格管理；

（三）实行每日防火巡查，并建立巡查记录；

（四）对职工进行岗前消防安全培训，定期组织消防安全培训和消防演练。

依 据 2 《机关、团体、企业、事业单位消防安全管理规定》（公安部第 61 号令）

第六条 单位的消防安全责任人应当履行下列消防安全职责：

（一）贯彻执行消防法规，保障单位消防安全符合规定，掌握本单位的消防安全情况；

（二）将消防工作与本单位的生产、科研、经营、管理等活动统筹安排，批准实施年度消防工作计划；

（三）为本单位的消防安全提供必要的经费和组织保障；

（四）确定逐级消防安全责任，批准实施消防安全制度和保障消防安全的操作规程；

（五）组织防火检查，督促落实火灾隐患整改，及时处理涉及消防安全的重大问题；

（六）根据消防法规的规定建立专职消防队、义务消防队；

（七）组织制定符合本单位实际的灭火和应急疏散预案，并实施演练。

第七条 单位可以根据需要确定本单位的消防安全管理人。消防安全管理人对单位的消防安全责任人负责，实施和组织落实下列消防安全管理工作：

（一）拟定年度消防工作计划，组织实施日常消防安全管理工作；

（二）组织制定消防安全管理制度和保障消防安全的操作规程并检查督促其落实；

（三）拟定消防安全工作的资金投入和组织保障方案；

（四）组织实施防火检查和火灾隐患整改工作；

（五）组织实施对本单位消防设施、灭火器材和消防安全标志的维护保养，确保其完好有效，确保疏散通道和安全出口畅通；

（六）组织管理专职消防队和义务消防队；

（七）在员工中组织开展消防知识、技能的宣传教育和培训，组织灭火和应急疏散预案的实时和演练；

（八）单位消防安全责任人委托的其他消防安全管理工作。

消防安全管理人应当定期向消防安全责任人报告消防安全情况，及时报告涉及消防安全的重点问题。未确定消防安全管理人的单位，前款规定的消防安全管理工作由单位消防安全责任人负责实施。

第十五条　消防安全重点单位应当设置或者确定消防工作的归口管理职能部门，并确定专职或者兼职的消防管理人员；其他单位应当确定专职或者兼职消防管理人员，可以确定消防工作的归口管理职能部门。归口管理职能部门和专兼职消防管理人员在消防安全责任人或者消防安全管理人的领导下开展消防安全管理工作。

2.2　消防安全制度建设

2.2.1　本条评价项目的查评依据如下。

依据 1　参照 2.1.1 条【依据 1】《中华人民共和国消防法》（2008 年修订）第十六条相关规定

依据 2　《机关、团体、企业、事业单位消防安全管理规定》（公安部第 61 号令）

第十八条　单位应当按照国家有关规定，结合本单位的特点，建立健全各项消防安全制度和保障消防安全的操作规程，并公布执行。

单位消防安全制度主要包括以下内容：消防安全教育、培训；防火巡查、检查；安全疏散设施管理；消防（控制室）值班；消防设施、器材维护管理，火灾隐患整改；用火、用电安全管理；易燃易爆危险物品和场所防火防爆；专职和义务消防队的组织管理；灭火和应急疏散预案演练；燃气和电气设备的检查和管理（包括防雷、防静电）；消防安全工作考评和奖惩；其他必要的消防安全内容。

第四十五条　单位应当将消防安全工作纳入内部检查、考核、评比内容。对在消防安全工作中成绩突出的部门（班组）和个人，单位应当给予表彰奖励。对未依法履行消防安全职责或者违反单位消防安全制度的行为，应当依照有关规定对责任人员给予行政纪律处分或者其他处理。

依据3 《电力设备典型消防规程》（DL 5027—2015）

3.1 安全生产委员会消防安全主要职责

3.1.1 组织贯彻落实国家有关消防法规，建立健全消防安全责任制和规章制度，对落实情况进行监督、考核。

3.1.2 建立消防安全保证和监督体系，督促两个体系各司其职。明确消防工作归口管理职能部门（简称消防管理部门）和消防安全监督部门（简称安监部门），确保消防管理和安监部门的人员配置与其承担的职责相适应。

3.1.3 制定本单位的消防安全目标并组织落实，定期研究、部署本单位的消防安全工作。

3.1.4 深入现场，了解单位的消防安全情况，推广消防先进管理经验和先进技术，对存在的重大或共性问题进行分析，制定针对性的整改措施，并督促措施的落实。

3.1.5 组织或参与火灾事故调查。

3.1.6 对消防安全做出贡献者给予表扬或奖励；对负有事故责任者，给予批评或处罚。

3.2 消防安全责任人主要职责

3.2.1 贯彻执行消防法规，保障单位消防安全符合规定，掌握本单位的消防安全情况。

3.2.2 将消防工作与本单位的生产、科研、经营、管理等活动统筹安排，批准实施年度消防工作计划。

3.2.3 为本单位的消防安全提供必要的经费和组织保障。

3.2.4 确定逐级消防安全责任，批准实施消防安全管理制度和保障消防安全的操作规程。

3.2.5 组织防火检查，督促落实火灾隐患整改，及时处理涉及消防安全的重点问题。

3.2.6 根据消防法规的规定建立专职消防队、志愿消防队。

3.2.7 组织制定符合本单位实际的灭火和应急疏散预案，并实施演练。

3.2.8 确定本单位消防安全管理人。

3.2.9　发生火灾事故做到事故原因不清不放过，责任者和应受教育者没有受到教育不放过，没有采取防范措施不放过，责任人员未受到处理不放过。

3.4　消防管理部门主要职责

3.4.1　贯彻执行消防法规、本单位消防安全管理制度。

3.4.2　拟定逐级消防安全责任制，及其消防安全管理制度。

3.4.3　指导、督促各相关部门制定和执行各岗位消防安全职责、消防安全操作规程、消防设施运行和检修规程等制度，以及制定发电厂厂房、车间、变电站、换流站、调度楼、控制楼、油罐区等重要场所及重点部位的灭火和应急疏散预案。

3.4.4　定期向消防安全管理人报告消防安全情况，及时报告涉及消防安全的重大问题。

3.4.5　拟订年度消防管理工作计划。

3.4.6　拟订消防知识、技能的宣传教育和培训计划，经批准后组织实施。

3.4.7　负责消防安全标志设置，负责或指导、督促有关部门做好消防设施、器材配置、检验、维修、保养等管理工作，确保完好有效。

3.4.8　管理专职消防队和志愿消防队。根据消防法规、公安消防部门的规定和实际情况配备专职消防员和消防装备器材，组织实施专业技能训练，维护保养装备器材。志愿消防员的人数不应少于职工总数的10%，重点部位人数不应少于50%，且人员分布要均匀；年龄男性一般不超55岁、女性一般不超45岁，能行使职责工作。根据志愿消防人员变动、身体和年龄等情况，及时进行调整或补充，并公布。

3.4.9　确定消防安全重点部位，建立消防档案。

3.4.10　将消防费用纳入年度预算管理，确保消防安全资金的落实，包括消防安全设施、教育培训资金，以及兑现奖惩等。

3.4.11　督促有关部门落实凡新建、改建、扩建工程的消防设施必须与主体设备（项目）同时设计、同时施工、同时投入生产或使用。

3.4.12　指导、督促有关部门确保疏散通道、安全出口、消防车通道畅通，保证防火防烟分区、防火间距符合消防标准。

3.4.13　指导、督促有关部门按照要求组织发电厂厂房、车间、变电站、换流站、调度楼、控制楼、油罐区等重要场所及重点部位的灭火和应急疏散演练。

3.4.14　指导、督促有关部门实行每月防火检查、每日防火巡查，建立检查和巡查记录，及时消除消防安全隐患。

3.4.15　发生火灾时，立即组织实施灭火和应急疏散预案。

3.6　志愿消防员主要职责

3.6.1　掌握各类消防设施、消防器材和正压式消防空气呼吸器等的适用范围和使用方法。

3.6.2　熟知相关的灭火和应急疏散预案，发生火灾时能熟练扑救初起火灾、组织引导人员安全疏散和进行应急救援。

3.6.3　根据工作安排负责一、二级动火作业的现场消防监护工作。

4.1.1　消防安全管理制度应包括下列内容：

1　各级各岗位消防安全职责、消防安全责任制考核、动火管理、消防安全操作规定、消防设施运行规程、消防设施检修规程。

2　电缆、电缆间、电缆通道防火管理、消防设施与主体设备或项目同时设计、同时施工、同时投产管理、消防安全重点部位管理。

3　消防安全教育培训，防火巡查、检查，消防控制室值班管理，消防设施、器材管理，火灾隐患整改，用火、用电安全管理。

4　易燃易爆危险物品和场所防火防爆；专职和义务消防队的组织管理；疏散、安全出口、消防车通道管理、燃气和电气设备的检查和管理（包括防雷、防静电）。

5　消防安全工作考评和奖惩，灭火和应急疏散预案演练。

6　根据有关规定和单位实际需要制定其他消防安全管理制度。

2.3　消防安全管理实施

2.3.1　本条评价项目的查评依据如下。

依 据 1　参照 2.1.2 条【依据 1】《中华人民共和国消防法》（2008 年修订）第十七条（三）的相关规定

依 据 2　《机关、团体、企业、事业单位消防安全管理规定》（公安部第 61 号令）

第二十五条　消防安全重点单位应当进行每日防火巡查，并确定巡查的人员、内容、部位和频次。其他单位可以根据需要组织防火巡查。巡查的内容应当包括：

（一）用火、用电有无违章情况；

（二）安全出口、疏散通道是否畅通，安全疏散指示标志、应急照明是否完好；

（三）消防设施、器材和消防安全标志是否在位、完整；

（四）常闭式防火门是否处于关闭状态，防火卷帘下是否堆放物品影响使用；

（五）消防安全重点部位的人员在岗情况；

（六）其他消防安全情况。

防火巡查人员应当及时纠正违章行为，妥善处置火灾危险，无法当场处置的，应当立即报告。发现初起火灾应当立即报警并及时扑救。

防火巡查应当填写巡查记录，巡查人员及其主管人员应当在巡查记录上签名。

每 日 防 火 巡 查 表   年 月 日

序号	检 查 内 容	检查结果 （√）	备注
1	用火、用电有无违章情况		
2	安全出口、疏散通道是否畅通		
3	安全疏散指示标志、应急照明是否完好		
4	消防设施、器材和消防安全标志是否在位、完整		
5	常闭式防火门是否处于关闭状态，防火卷帘下是否堆放物品影响使用		
6	消防安全重点部位的人员在岗情况		
7	其他消防安全情况		
检查人员			
主管人员			

注：检查项正常时在"检查结果"栏打勾（√），有问题时在"备注"栏写清具体情况；"每日防火巡查表"填写完毕后，应由检查人员和主管人员签字。

2.3.2 本条评价项目的查评依据如下。

依据 1 参照 2.1.1 条【依据 1】《中华人民共和国消防法》（2008 年修订）第十六条（五）的相关规定

依据 2 《机关、团体、企业、事业单位消防安全管理规定》（公安部第 61 号令）

第二十六条 机关、团体、事业单位应当至少每季度进行一次防火检查，其他单位应当至少每月进行一次防火检查。检查的内容应当包括：

（一）火灾隐患的整改情况以及防范措施的落实情况；

（二）安全疏散通道、疏散指示标志、应急照明和安全出口情况；

（三）消防车通道、消防水源情况；

（四）灭火器材配置及有效情况；

（五）用火、用电有无违章情况；

（六）重点工种人员以及其他员工消防知识的掌握情况；

（七）消防安全重点部位的管理情况；

（八）易燃易爆危险物品和场所防火防爆措施的落实情况以及其他重要物资的防火安全情况；

（九）消防（控制室）值班情况和设施运行、记录情况；

（十）防火巡查情况；

（十一）消防安全标志的设置情况和完好、有效情况；

（十二）其他需要检查的内容。

防火检查应当填写检查记录。检查人员和被检查部门负责人应当在检查记录上签名。

每月防火检查表 年 月 日

序号	检 查 内 容	检查结果
1	火灾隐患的整改情况以及防范措施的落实情况	
2	安全疏散通道、疏散指示标志、应急照明和安全出口情况	
3	消防车通道、消防水源情况	
4	灭火器材配置及有效情况	
5	用火、用电有无违章情况	
6	重点工种人员以及其他员工消防知识的掌握情况	
7	消防安全重点部位的管理情况	
8	易燃易爆危险物品和场所防火防爆措施的落实情况以及其他重要物资的防火安全情况	
9	消防（控制室）值班情况和设施运行、记录情况	
10	防火巡查情况	
11	消防安全标志的设置情况和完好、有效情况	
12	其他需要检查的内容（可根据实际情况进行补充）	
检查人员		
被检查部门负责人		
注："每月防火检查表"填完后，应由检查人员和被检查部门负责人签字确认。		

依据 3 《电力设备典型消防规程》（DL 5027—2015）

4.5.2 单位应当至少每月进行一次防火检查。防火检查应包括下列内容：

1 火灾隐患的整改以及防范措施的落实；安全疏散通道、疏散指示标志、应急照明和安全出口；消防车通道、消防水源；用火、用电有无违章情况。

2 重点工种人员以及其他员工消防知识的掌握；消防安全重要部位的管理情况；易燃易爆危险物品和场所防火防爆措施的落实以及其他重要物资的防火安全情况。

3 消防控制室值班和消防设施运行、记录情况；防火巡查；消防安全标志的设置情况和完好、有效情况；电缆封堵、阻火隔断、防火涂层、槽盒是否符合要求。

4 消防设施日常管理情况，是否放在正常状态，建筑消防设施每年检测；灭火器材配置和管理；动火工作执行动火制度；开展消防安全学习教育和培训情况。

5 灭火和应急疏散演练情况等需要检查的内容。

6 发现问题应及时处置。防火检查应当填写检查记录。检查人员和被检查部门负责人应当在检查记录上签名。

2.3.3 本条评价项目的查评依据如下。

依据 1 参照 2.1.1 条【依据 1】《中华人民共和国消防法》（2008 年修订）第十六条（六）的相关规定

依据 2 《机关、团体、企业、事业单位消防安全管理规定》（公安部第 61 号令）

第三十九条 消防安全重点单位制定的灭火和应急疏散预案应当包括下列内容：

（一）组织机构，包括：灭火行动组、通讯联络组、疏散引导组、安全防护救护组；

（二）报警和接警处置程序；

（三）应急疏散的组织程序和措施；

（四）扑救初起火灾的程序和措施；

（五）通讯联络、安全防护救护的程序和措施。

第四十条 消防安全重点单位应当按照灭火和应急疏散预案，至少每半年进行一次演练，并结合实际，不断完善预案。其他单位应当结合本单位实际，参照制定相应的应急方案，至少每年组织一次演练。

消防演练时，应当设置明显标识并事先告知演练范围内的人员。

依 据 3 《电力设备典型消防规程》（DL 5027—2015）

4.4.1 单位应制定灭火和应急疏散预案，灭火和应急疏散预案应包括发电厂厂房、车间、变电站、换流站、调度楼、控制楼、油罐区等重点部位和场所。

4.4.2 灭火和应急疏散预案应切合本单位实际及符合有关规范要求。

4.4.3 应当按照灭火和应急疏散预案，至少每半年进行一次演练，及时总结经验，不断完善预案。消防演练时，应设置明显标识并事先告知演练范围内的人员。

2.3.4 本条评价项目的查评依据如下。

依 据 1 参照 2.1.2 条【依据 1】《中华人民共和国消防法》（2008 年修订）第十七条（四）的相关规定

依 据 2 《机关、团体、企业、事业单位消防安全管理规定》（公安部第 61 号令）

第三十六条 单位应当通过多种形式开展经常性的消防安全宣传教育。消防安全重点单位对每名员工应当至少每年进行一次消防安全培训。宣传教育和培训内容应当包括：

（一）有关消防法规、消防安全制度和保障消防安全的操作规程；

（二）本单位、本岗位的火灾危险性和防火措施；

（三）有关消防设施的性能、灭火器材的使用方法；

（四）报火警、扑救初起火灾以及自救逃生的知识和技能。

单位应当组织新上岗和进入新岗位的员工进行上岗前的消防安全培训。

依 据 3 《电力设备典型消防规程》（DL 5027—2015）

4.3.1 应根据本单位特点，建立健全消防安全教育培训制度，明确机构和人员，保障教育培训工作经费。按照下列规定对员工进行消防安全教育培训：

1 定期开展形式多样的消防安全宣传教育。

2 对新上岗和进入新岗位的员工进行上岗前消防安全培训，经考试合格方能上岗。

3 对在岗的员工每年至少进行一次消防安全培训。

4.3.3 消防安全教育培训的内容应符合全国统一的消防安全教育培训大纲的要求，主要包括国家消防工作方针、政策，消防法律法规，火灾预防知识，火灾扑救、人员疏散逃生和自救互救知识，其他应当教育培训的内容。

4.3.4 应根据不同对象开展有侧重的培训。通过培训应使员工懂基本消防常识，懂本岗位产生火灾的危险源，懂本岗位预防火灾的措施，懂疏散逃生方法；会报火警，会使用灭火器材灭火，会查改火灾隐患，会扑救初起火灾。

2.3.5　本条评价项目的查评依据如下。

依 据 1　《中华人民共和国消防法》（2008 年修订）

第二十一条　进行电焊、气焊等具有火灾危险作业的人员和自动消防系统的操作人员，必须持证上岗，并遵守消防安全操作规程。

依 据 2　《电力设备典型消防规程》（DL 5027—2015）

4.3.2　下列人员应当接受消防安全专门培训：

1　单位的消防安全责任人、消防安全管理人。

2　专、兼职消防管理人员。

3　消防控制室的值班人员、消防设施操作人员，应通过消防行业特有工种职业技能鉴定，持有初级技能以上等级的职业资格证书。

4　其他依照规定应当接受消防安全专门培训的人员。

依 据 3　《消防控制室通用技术要求》（GB 25506—2010）

4.2.1　消防控制室管理应符合下列要求：

a）实行每日 24h 专人值班制度，每班不应少于 2 人，值班人员应持有消防控制室操作职业资格证书；

b）消防设施日常维护管理应符合《建筑消防设施的维护管理》GB 25201 的要求；

c）应确保火灾自动报警系统、灭火系统和其他联动控制设备处于正常工作状态，不得将应处于自动状态的设在手动状态；

d）确保高位消防水箱、消防水池、气压水罐等消防储水设施水量充足，确保消防泵出水管阀门、自动喷水灭火系统管道上的阀门常开；确保消防水泵、防排烟风机、防火卷帘等消防用电设备的配电柜启动开关处于自动位置（通电状态）。

2.3.6　本条评价项目的查评依据如下。

依 据 1　参照 2.1.2 条【依据 1】《中华人民共和国消防法》（2008 年修订）第十七条（二）的相关规定

依 据 2　《机关、团体、企业、事业单位消防安全管理规定》（公安部第 61 号令）

第十九条　单位应当将容易发生火灾、一旦发生火灾可能严重危及人身和财产安全以及对消防安全有重大影响的部位确定为消防安全重点部位，设置明显的防火标志，实行严格管理。

依据 3 《电力设备典型消防规程》（DL 5027—2015）

4.2.2 消防安全重点部位应包括下列部位：

1 油罐区（包括燃油库、绝缘油库、透平油库）、制氢站、供氢站、发电机、变压器等注油设备，电缆间以及电缆通道、调度室、控制室、集控室、计算机房、通信机房、风力发电机组机舱及塔筒；

2 换流站阀厅、电子设备间、铅酸蓄电池室、天然气调压站、储氨站、液化气站、乙炔站、档案室、油处理室、秸秆仓库或堆场、易燃易爆物品存放场所；

3 发生火灾可能严重危及人身、电力设备和电网安全以及对消防安全有重大影响的部位。

4.2.3 消防安全重点部位应建立岗位防火职责，设置明显的防火标志，在出入口位置悬挂防火警示标示牌。标示牌内容应包括消防安全重点部位名称、消防管理措施、灭火和应急疏散方案和防火责任人。

6.1.10 防火重点部位禁止吸烟，并应有明显标志。

2.3.7 本条评价项目的查评依据如下。

依据 1 《机关、团体、企业、事业单位消防安全管理规定》（公安部第 61 号令）

第二十条 单位应当对动用明火实行严格的消防安全管理。禁止在具有火灾、爆炸危险的场所使用明火；因特殊情况需要进行电、气焊等明火作业的，动火部门和人员应当按照单位的用火管理制度办理审批手续，落实现场监护人，在确认无火灾、爆炸危险后方可动火施工。动火施工人员应当遵守消防安全规定，并落实相应的消防安全措施。

依据 2 《电力设备典型消防规程》（DL 5027—2015）

5.3.1 动火作业应落实动火安全组织措施，动火安全组织措施应包括动火工作票、工作许可、监护、间断和终结等措施。

5.3.2 在一级动火区进行动火作业必须使用一级动火工作票，在二级动火区进行动火作业必须使用二级动火工作票。

5.3.4 动火工作票应由动火工作负责人填写。动火工作票签发人不准兼任该项工作的工作负责人。动火工作票的审批人、消防监护人不准签发动火工作票。一级动火工作票一般应提前8h办理。

5.3.5 动火工作票至少一式三份。一级动火工作票一份由工作负责人收执，一份由动火执行人收执，另一份由发电单位保存在单位安监部门、电网经营单位保存在动火部门（车间）。二级动火工作票一份由工作负责人收执，一份由动火执行人收执，一份保存在动火部门（车间）。若动火工作与运行有关时，还应增加一份交运行人员收执。

5.3.6 动火工作票的审批应符合下列要求。

1 一级动火工作票：

2）电网经营单位：由申请动火班组班长或班组技术负责人签发，动火部门（车间）消防管理负责人和安监负责人审核，动火部门（车间）负责人或技术负责人批准，包括填写批准动火时间和签名。

3）必要时应向当地公安消防部门提出申请，在动火作业前到现场进行消防安全检查和指导工作。

2 二级动火工作票由申请动火班组班长或班组技术负责人签发，动火部门（车间）安监人员审核，动火部门（车间）负责人或技术负责人批准，包括填写批准动火时间和签名。

5.3.7 动火工作票经批准后，允许实施动火条件。

1 与运行设备有关的动火工作必须办理运行许可手续。在满足运行部门可动火条件，运行许可人在动火工作票填写许可动火时间和签名，完成运行许可手续。

2 一级动火。

2）电网经营单位：在检查应配备的消防设施和采取的消防措施、安全措施已符合要求，可燃性、易爆气体含量合格，动火执行人、消防监护人、动火工作负责人、动火部门（车间）安监负责人、动火部门（车间）负责人或技术负责人分别在动火工作票签名确认，并由动火部门（车间）负责人或技术负责人填写允许动火时间。

3 二级动火：在检查应配备的消防设施和采取的消防措施、安全措施已符合要求，可燃性、易爆气体含量或粉尘浓度合格后，动火执行人、消防监护人、动火工作负责人、动火部门（车间）安监人员分别签名确认，并由动火部门（车间）安监人员填写允许动火时间。

5.3.8 动火作业的监护，应符合下列要求：

1 一级动火时，消防监护人、工作负责人、动火部门（车间）安监人员必须始终在现场监护。

2 二级动火时，消防监护人、工作负责人必须始终在现场监护。

3 一级动火在首次动火前，各级审批人和动火工作票签发人均应到现场检查防火、灭火措施正确、完备，需要检测可燃性、易爆气体含量或粉尘浓度的检测值应合格，并在监护下做明火试验，满足可动火条件后方可动火。

4 消防监护人应由本单位专职消防员或志愿消防员担任。

5.3.9 动火作业间断，应符合下列要求：

1 动火作业间断，动火执行人、监护人离开前，应清理现场，消除残留火种。

2 动火执行人、监护人同时离开作业现场，间断时间超过30min，继续动火前，动火执行人、监护人应重新确认安全条件。

3 一级动火作业，间断时间超过2.0h，继续动火前，应重新测定可燃性、易爆气体含量或粉尘浓度，合格后方可重新动火。

4 一级、二级动火作业，在次日动火前必须重新测定可燃性、易爆气体含量或粉尘浓度，合格后方可重新动火。

5.3.10 动火作业终结，应符合下列要求：

1 动火作业完毕，动火执行人、消防监护人、动火工作负责人应检查现场无残留火种等，确认安全后，在动火工作票上填明动火工作结束时间，经各方签名，盖"已终结"印章，动火工作告终结。若动火工作经运行许可的，则运行许可人也要参与现场检查和结束签字。

2 动火作业终结后工作负责人、动火执行人的动火工作票应交给动火工作票签发人。电网经营单位一份留存班组，一份交动火部门（车间）。动火工作票保存三个月。

5.3.11 动火工作票所列人员的主要安全责任：

1 各级审批人员及工作票签发人主要安全责任应包括下列内容：

1）审查工作的必要性和安全性。

2）审查申请工作时间的合理性。

3）审查工作票上所列安全措施正确、完备。

4）审查工作负责人、动火执行人符合要求。

5）指定专人测定动火部位或现场可燃性、易爆气体含量或粉尘浓度符合安全要求。

2　工作负责人主要安全责任应包括下列内容：

1）正确安全地组织动火工作。

2）确认动火安全措施正确、完备，符合现场实际条件，必要时进行补充。

3）核实动火执行人持允许进行焊接与热切割作业的有效证件，督促其在动火工作票上签名。

4）向有关人员布置动火工作，交待危险因素、防火和灭火措施。

5）始终监督现场动火工作。

6）办理动火工作票开工和终结手续。

7）动火工作间断、终结时检查现场无残留火种。

3　运行许可人主要安全责任应包括下列内容：

1）核实动火工作时间、部位。

2）工作票所列有关安全措施正确、完备，符合现场条件。

3）动火设备与运行设备确已隔绝，完成相应安全措施。

4）向工作负责人交待运行所做的安全措施。

4　消防监护人主要安全责任应包括下列内容：

1）动火现场配备必要、足够、有效的消防设施、器材。

2）检查现场防火和灭火措施正确、完备。

3）动火部位或现场可燃性、易爆气体含量或粉尘浓度符合安全要求。

4）始终监督现场动火作业，发现违章立即制止，发现起火及时扑救。

5）动火工作间断、终结时检查现场无残留火种。

5　动火执行人主要安全责任应包括下列内容：

1）在动火前必须收到经审核批准且允许动火的动火工作票。

2）核实动火时间、动火部位。

3）做好动火现场及本工种要求做好的防火措施。

4）全面了解动火工作任务和要求，在规定的时间、范围内进行动火作业。

5）发现不能保证动火安全时应停止动火，并报告部门（车间）领导。

6）动火工作间断、终结时清理并检查现场无残留火种。

5.3.12　一、二级动火工作票签发人、工作负责人应进行本规程等制度的培训，并经考试合格。动火工作票签发人由单位分管领导或总工程师批准，动火工作负责人由部门

（车间）领导批准。动火执行人必须持政府有关部门颁发的允许电焊与热切割作业的有效证件。

5.3.13 动火工作票应用钢笔或圆珠笔填写，内容应正确清晰，不应任意涂改，如有个别错、漏字需要修改，应字迹清楚，并经签发人审核签字确认。

5.3.14 非本单位人员到生产区域内动火工作时，动火工作票由本单位签发和审批。承发包工程中，动火工作票可实行双方签发形式，但应符合第 5.3.12 条要求和由本单位审批。

5.3.15 一级动火工作票的有效期为 24h（1 天），二级动火工作票的有效期为 120h（5 天）。必须在批准的有效期内进行动火工作，需延期时应重新办理动火工作票。

2.3.8 本条评价项目的查评依据如下。

依据 1 《机关、团体、企业、事业单位消防安全管理规定》（公安部第 61 号令）

第二十八条 设有自动消防设施的单位，应当按照有关规定定期对其自动消防设施进行全面检查测试，并出具检测报告，存档备查。

依据 2 参照 2.1.1 条【依据 1】《中华人民共和国消防法》（2008 年修订）第十六条（二）、（三）的相关规定

依据 3 《电力设备典型消防规程》（DL 5027—2015）

6.3.6 建筑消防设施的值班、巡查、检测、维修、保养、建档等工作，应符合现行国家标准《建筑消防设施的维护管理》GB 25201 的有关规定。定期检测、保养和维修，应委托有消防设备专业检测及维护资质的单位进行，其应出具有关记录和报告。

2.3.9 本条评价项目的查评依据如下。

依据 《电力设备典型消防规程》（DL 5027—2015）

6.3.3 消防设施在管理上应等同于主设备，包括维护、保养、检修、更新，落实相关所需资金等。

2.3.10 本条评价项目的查评依据如下。

依据 《机关、团体、企业、事业单位消防安全管理规定》（公安部第 61 号令）

第四十一条 消防安全重点单位应当建立健全消防档案。消防档案应当包括消防安

全基本情况和消防安全管理情况。消防档案应当翔实，全面反映单位消防工作的基本情况，并附有必要的图表，根据情况变化及时更新。

单位应当对消防档案统一保管、备查。

第四十二条 消防安全基本情况应当包括以下内容：

（一）单位基本概况和消防安全重点部位情况；

（二）建筑物或者场所施工、使用或者开业前的消防设计审核、消防验收以及消防安全检查的文件、资料；

（三）消防管理组织机构和各级消防安全责任人；

（四）消防安全制度；

（五）消防设施、灭火器材情况；

（六）专职消防队、义务消防队人员及其消防装备配备情况；

（七）与消防安全有关的重点工种人员情况；

（八）新增消防产品、防火材料的合格证明材料；

（九）灭火和应急疏散预案。

第四十三条 消防安全管理情况应当包括以下内容：

（一）公安消防机构填发的各种法律文书；

（二）消防设施定期检查记录、自动消防设施全面检查测试的报告以及维修保养的记录；

（三）火灾隐患及其整改情况记录；

（四）防火检查、巡查记录；

（五）有关燃气、电气设备检测（包括防雷、防静电）等记录资料；

（六）消防安全培训记录；

（七）灭火和应急疏散预案的演练记录；

（八）火灾情况记录；

（九）消防奖惩情况记录。

前款规定中的第（二）、（三）、（四）、（五）项记录，应当记明检查的人员、时间、部位、内容、发现的火灾隐患以及处理措施等；第（六）项记录，应当记明培训的时间、参加人员、内容等；第（七）项记录，应当记明演练的时间、地点、内容、参加部门以及人员等。

3 火灾隐患排查整治

3.1 本条评价项目的查评依据如下。

依据 1 参照 2.2.1 条【依据 2】《机关、团体、企业、事业单位消防安全管理规定》（公安部第 61 号令）第十八条（六）的相关规定，以及 2.3.10【依据】《机关、团体、企业、事业单位消防安全管理规定》（公安部第 61 号令）第四十三条中关于火灾隐患档案的相关规定

3.2 本条评价项目的查评依据如下。

依据 《机关、团体、企业、事业单位消防安全管理规定》（公安部第 61 号令）

第三十条 单位对存在的火灾隐患，应当及时予以消除。

第三十一条 对下列违反消防安全规定的行为，单位应当责成有关人员当场改正并督促落实：

（一）违章进入生产、储存易燃易爆危险物品场所的；

（二）违章使用明火作业或者在具有火灾、爆炸危险的场所吸烟、使用明火等违反禁令的；

（三）将安全出口上锁、遮挡，或者占用、堆放物品影响疏散通道畅通的；

（四）消火栓、灭火器材被遮挡影响使用或者被挪作他用的；

（五）常闭式防火门处于开启状态，防火卷帘下堆放物品影响使用的；

（六）消防设施管理、值班人员和防火巡查人员脱岗的；

（七）违章关闭消防设施、切断消防电源的；

（八）其他可以当场改正的行为。

违反前款规定的情况以及改正情况应当有记录并存档备查。

第三十二条 对不能当场改正的火灾隐患，消防工作归口管理职能部门或者专兼职消防管理人员应当根据本单位的管理分工，及时将存在的火灾隐患向单位的消防安全管理人或者消防安全责任人报告，提出整改方案。消防安全管理人或者消防安全责任人应当确定整改的措施、期限以及负责整改的部门、人员，并落实整改资金。

在火灾隐患未消除之前，单位应当落实防范措施，保障消防安全。不能确保消防安全，随时可能引发火灾或者一旦发生火灾将严重危及人身安全的，应当将危险部位停产

停业整改。

第三十三条　火灾隐患整改完毕，负责整改的部门或者人员应当将整改情况记录报送消防安全责任人或者消防安全管理人签字确认后存档备查。

3.3　本条评价项目的查评依据如下。

依　据　《机关、团体、企业、事业单位消防安全管理规定》（公安部第 61 号令）

第三十五条　对公安消防机构责令限期改正的火灾隐患，单位应当在规定的期限内改正并写出火灾隐患整改复函，报送公安消防机构。

4　办公区域消防管理

4.1　建筑防火

4.1.1　本条评价项目的查评依据如下。

依 据 1　参照 2.1.1 条【依据 1】《中华人民共和国消防法》（2008 年修订）第十六条（四）的相关规定

依 据 2　《建筑设计防火规范》（GB 50016—2014）

5.3.1　除本规范另有规定外，不同耐火等级建筑的允许建筑高度或层数、防火分区最大允许建筑面积应符合表 5.3.1 的规定。

表 5.3.1　不同耐火等级建筑的允许建筑高度或层数、防火分区最大允许建筑面积

名称	耐火等级	允许建筑高度或层数	防火分区的最大允许建筑面积（m²）	备注
高层民用建筑	一、二级	按本规范第 5.1.1 条确定	1500	对于体育馆、剧场的观众厅，防火分区的最大允许建筑面积可适当增加
单、多层民用建筑	一、二级	按本规范第 5.1.1 条确定	2500	
	三级	5 层	1200	
	四级	2 层	600	
地下或半地下建筑（室）	一级	—	500	设备用房的防火分区最大允许建筑面积不应大于 1000m²

注　1　表中规定的防火分区最大允许建筑面积，当建筑内设置自动灭火系统时，可按本表的规定增加 1.0 倍；局部设置时，防火分区的增加面积可按该局部面积的 1.0 倍计算。

　　2　裙房与高层建筑主体之间设置防火墙时，裙房的防火分区可按单、多层建筑的要求确定。

5.3.2 建筑内设置自动扶梯、敞开楼梯等上、下层相连通的开口时，其防火分区的建筑面积应按上、下层相连通的建筑面积叠加计算；当叠加计算后的建筑面积大于本规范第5.3.1条的规定时，应划分防火分区。

5.3.3 防火分区之间应采用防火墙分隔，确有困难时，可采用防火卷帘等防火分隔设施分隔。采用防火卷帘分隔时，应符合本规范第6.5.3条的规定。

4.2 安全疏散、安全出口、应急照明

4.2.1 本条评价项目的查评依据如下。

依 据 1 参照2.1.1条【依据1】《中华人民共和国消防法》（2008年修订）第十六条（四）的相关规定

依 据 2 《机关、团体、企业、事业单位消防安全管理规定》（公安部第61号令）

第二十一条 单位应当保障疏散通道、安全出口畅通，并设置符合国家规定的消防安全疏散指示标志和应急照明设施，保持防火门、防火卷帘、消防安全疏散指示标志、应急照明、机械排烟送风、火灾事故广播等设施处于正常状态。

严禁下列行为：

（一）占用疏散通道；

（二）在安全出口或者疏散通道上安装栅栏等影响疏散的障碍物；

（三）在营业、生产、教学、工作等期间将安全出口上锁、遮挡或者将消防安全疏散指示标志遮挡、覆盖；

（四）其他影响安全疏散的行为。

依 据 3 《建筑设计防火规范》（GB 50016—2014）

6.4.4 除通向避难层错位的疏散楼梯外，建筑内的疏散楼梯间在各层的平面位置不应改变。

除住宅建筑套内的自用楼梯外，地下或半地下建筑（室）的疏散楼梯间，应符合下列规定：

1 室内地面与室外出入口地坪高差大于10m或3层及以上的地下、半地下建筑（室），其疏散楼梯应采用防烟楼梯间；其他地下或半地下建筑（室），其疏散楼梯应采用封闭楼梯间。

2　应在首层采用耐火极限不低于 2.00h 的防火隔墙与其他部位分隔并应直通室外，确需在隔墙上开门时，应采用乙级防火门。

3　建筑的地下或半地下部分与地上部分不应共用楼梯间，确需共用楼梯间时，应在首层采用耐火极限不低于 2.00h 的防火隔墙和乙级防火门将地下或半地下部分与地上部分的连通部位完全分隔，并应设置明显的标志。

10.3.1　除建筑高度小于 27m 的住宅建筑外，民用建筑、厂房和丙类仓库的下列部位应设置疏散照明：

1　封闭楼梯间、防烟楼梯间及其前室、消防电梯间的前室或合用前室、避难走道、避难层（间）；

2　观众厅、展览厅、多功能厅和建筑面积大于 200m^2 的营业厅、餐厅、演播室等人员密集的场所；

3　建筑面积大于 100m^2 的地下或半地下公共活动场所；

4　公共建筑内的疏散走道。

5　人员密集的厂房内的生产场所及疏散走道。

10.3.3　消防控制室、消防水泵房、自备发电机房、配电室、防排烟机房以及发生火灾时仍需正常工作的消防设备房应设置备用照明，其作业面的最低照度不应低于正常照明的照度。

10.3.5　公共建筑、建筑高度大于 54m 的住宅建筑、高层厂房（库房）和甲、乙、丙类单、多层厂房，应设置灯光疏散指示标志，并应符合下列规定：

1）应设置在安全出口和人员密集的场所的疏散门的正上方；

2）应设置在疏散走道及其转角处距地面高度 1.0m 以下的墙面或地面上。灯光疏散指示标志的间距不应大于 20m；对于袋形走道，不应大于 10m；在走道转角区，不应大于 1.0m。

4.2.2　本条评价项目的查评依据如下。

依据 1　参照 2.1.1 条【依据 1】《中华人民共和国消防法》（2008 年修订）第十六条（四）的相关规定

依据 2　《建筑设计防火规范》（GB 50016—2014）

7.1.5　在穿过建筑物或进入建筑物内院的消防车道两侧，不应设置影响消防车通行或人员安全疏散的设施。

7.1.8 消防车道应符合下列要求:

1 车道的净宽度和净高度均不应小于 4.0m;

2 转弯半径应满足消防车转弯的要求;

3 消防车道与建筑之间不应设置妨碍消防车操作的树木、架空管线等障碍物;

4 消防车道靠建筑外墙一侧的边缘距离建筑外墙不宜小于 5m;

5 消防车道的坡度不宜大于 8%。

7.1.9 环形消防车道至少应有两处与其他车道连通。尽头式消防车道应设置回车道或回车场,回车场的面积不应小于 12m×12m; 对于高层建筑,不宜小于 15m×15m。

4.2.3 本条评价项目的查评依据如下。

依 据 1 《中华人民共和国消防法》(2008 年修订)

第二十八条 任何单位、个人不得损坏、挪用或者擅自拆除、停用消防设施、器材,不得埋压、圈占、遮挡消火栓或者占用防火间距,不得占用、堵塞、封闭疏散通道、安全出口、消防车通道。人员密集场所的门窗不得设置影响逃生和灭火救援的障碍物。

依 据 2 《电力设备典型消防规程》(DL 5027—2015)

6.1.19 临时建筑应符合国家有关法规。临时建筑不得占用防火间距。

6.3.2 消防设施应处于正常工作状态。不得损坏、挪用或者擅自拆除、停用消防设施、器材。消防设施出现故障,应及时通知单位有关部门,尽快组织修复。因工作需要临时停用消防设施或移动消防器材的,应采取临时措施和事先报告单位消防管理部门,并得到本单位消防安全责任人的批准,工作完毕后应及时恢复。

4.2.4 本条评价项目的查评依据如下。

依 据 1 《防火门》(GB 12955—2008)

5.3.3 防火闭门装置

5.3.3.1 防火门应安装防火门闭门器。

5.3.3.2 防火门闭门器应经国家认可授权检测机构检验合格,其性能应符合《防火门闭门器》GA 93 的规定。

5.3.3.3 自动关闭门扇的闭门装置,应经国家认可授权检测机构检验合格。

5.3.4 防火顺序器

双扇、多扇防火门设置盖缝板或止口的应安装顺序器（特殊部位使用除外）。

5.3.5 防火插销

采用钢质防火插销，应安装在双扇防火门或多扇防火门的相对固定一侧的门扇上（若有要求时），其耐火性能应符合附录 D 的规定。

5.3.6 盖缝板

5.3.6.1 平口或止口结构的双扇防火门宜设盖缝板。

5.3.6.2 盖缝板与门扇连接应牢固。

5.3.6.3 盖缝板不应妨碍门扇的正常启闭。

5.3.7 防火密封件

5.3.7.1 防火门门框与门扇、门扇与门扇的缝隙处应嵌装防火密封件。

5.3.7.2 防火密封件应经国家认可授权检测机构检验合格，其性能应符合《防火膨胀密封件》GB 16807 的规定。

5.9.2 门扇开启力

防火门门扇开启力不应大于 80N。

注：在特殊场合使用的防火门除外。

5.10 可靠性

在进行 500 次启闭试验后，防火门不应有松动、脱落、严重变形和启闭卡阻现象。

8.1.1 每樘防火门都应在明显位置固有永久性标牌，标牌应包括以下内容：

a）产品名称、型号规格及商标（若有）；

b）制造厂名称或制造厂标记和厂址；

c）出厂日期及产品生产批号；

d）执行标准。

依 据 2 《建筑设计防火规范》（GB 50016—2014）

6.1.16 在楼梯间入口处设置防烟的前室、开敞式阳台或凹廊（统称前室）等设施，且通向前室和楼梯间的门均为防火门，以防止火灾的烟和热气进入楼梯间。

6.2.7 通风空气调节机房和变配电室开向建筑内的门应采用甲级防火门，消防控制室和其他设备房开向建筑内的门应采用乙级防火门。

6.2.9 电缆井、管道井、排烟道、排气道、垃圾道等竖向井道，应分别独立设置。井壁的耐火极限不应低于1.00h，井壁上的检查门应采用丙级防火门。

6.4.3 疏散走道通向前室以及前室通向楼梯间的门应采用乙级防火门。楼梯间的首层可将走道和门厅等包括在楼梯间前室内形成扩大的前室，但应采用乙级防火门等与其他走道和房间分隔。

6.4.5 通向室外楼梯的门应采用乙级防火门，并应向外开启。

6.4.11 建筑内的疏散门应符合下列规定：

1 民用建筑和厂房的疏散门，应采用向疏散方向开启的平开门，不应采用推拉门、卷帘门、吊门、转门和折叠门。除甲、乙类生产车间外，人数不超过60人且每樘门的平均疏散人数不超过30人的房间，其疏散门的开启方向不限。

2 仓库的疏散门应采用向疏散方向开启的平开门，但丙、丁、戊类仓库首层靠墙的外侧可采用推拉门或卷帘门。

3 开向疏散楼梯或疏散楼梯间的门，当其完全开启时，不应减少楼梯平台的有效宽度。

4 人员密集场所内平时需要控制人员随意出入的疏散门和设置门禁系统的住宅、宿舍、公寓建筑的外门，应保证火灾时不需使用钥匙等任何工具即能从内部易于打开，并应在显著位置设置具有使用提示的标识。

6.5.1 防火门的设置应符合下列规定：

1 设置在建筑内经常有人通行处的防火门宜采用常开防火门，常开防火门应能在火灾时自行关闭，并应具有信号反馈功能。

2 除允许设置常开防火门的位置外，其他位置的防火门均应采用常闭防火门。常闭防火门应在门扇的明显位置设置"保持防火门关闭"等提示标识。

3 除管井检修门和住宅的户门外，防火门应具有自动关闭功能；双扇防火门，应具有按顺序自动关闭的功能。

4 除本规范第6.4.11条第4款的规定外，防火门应能在其内外两侧手动开启。

5 设在建筑变形缝附近时，防火门应设在楼层较多的一侧，并应保证防火门开启时门扇不跨越变形缝。

6 防火门关闭后应具有防烟性能。

7 甲、乙、丙级防火门应符合现行国家标准《防火门》GB 12955—2008的规定。

6.5.3 防火分隔部位设置防火卷帘时，应符合下列规定：

1 除中庭外,当防火分隔部位的宽度不大于30m时,防火卷帘的宽度不应大于10m;当防火分隔部位的宽度大于 30m 时,防火卷帘的宽度不应大于该部位宽度的 1/3,且不应大于20m。

2 防火卷帘应具有火灾时靠自重自动关闭的功能。

3 除本规范另有规定外,防火卷帘的耐火极限不应低于本规范对所设置部位墙体的耐火极限要求。当防火卷帘的耐火极限符合现行国家标准《门和卷帘的耐火试验方法》GB/T 7633 有关耐火完整性和耐火隔热性的判定条件时,可不设置自动喷水灭火系统保护。当防火卷帘的耐火极限仅符合现行国家标准《门和卷帘的耐火试验方法》GB/T 7633 有关耐火完整性的判定条件时,应设置自动喷水灭火系统保护。自动喷水灭火系统设计应符合现行国家标准《自动喷水灭火系统设计规范》GB 50084 的规定,但火灾延续时间不应小于该防火卷帘的耐火极限。

4 防火卷帘应具有防烟性能,与楼板、梁、墙、柱之间的空隙应采用防火封堵材料封堵。

5 需在火灾时自动降落的防火卷帘,应具有信号反馈功能。

6 其他要求,应符合现行国家标准《防火卷帘》GB 14102 的规定。

依据 3 《防火卷帘》(GB 14102—2005)

6.4.7 温控释放性能

防火卷帘应装配温控释放装置,当释放装置的感温元件周围温度达到 73℃±0.5℃时,释放装置动作,卷帘应依自重下降关闭。

依据 4 《电力调度通信中心工程设计规范》(GB/T 50980—2014)

4.6.2 安防措施应符合下列规定:

6)工艺机房门应向疏散方向开启且能自动关闭,火灾发生时门禁系统应自动解锁"。

4.3 消防控制室

4.3.1 本条评价项目的查评依据如下。

依据 1 《火灾自动报警系统设计规范》(GB 50116—2013)

3.4.4 消防控制室应有相应的竣工图纸、各分系统控制逻辑关系说明、设备使用说明书、系统操作规程、应急预案、值班制度、维护保养制度及值班记录等文件资料。

依据 2 《建筑设计防火规范》（GB 50016—2014）

8.1.7　设置火灾自动报警系统和需要联动控制的消防设备的建筑（群）应设置消防控制室。消防控制室的设置应符合下列规定：

1）单独建造的消防控制室，其耐火等级不应低于二级；

4）疏散门应直通室外或安全出口。

4.3.2　本条评价项目的查评依据如下。

依　据 《火灾自动报警系统设计规范》（GB 50116—2013）

3.4.3　消防控制室应设有用于火灾报警的外线电话。

10.2.2　消防控制室内的电气和电子设备的金属外壳、机柜、机架和金属管、槽等，应采用等电位连接。

10.2.3　由消防控制室接地板引至各消防电子设备的专用接地线应选用铜芯绝缘导线，其线芯截面面积不应小于 $4mm^2$。

10.2.4　消防控制室接地板与建筑接地体之间，应采用线芯截面面积不小于 $25mm^2$ 的铜芯绝缘导线连接。

4.3.3　本条评价项目的查评依据如下。

依据 1 《消防控制室通用技术要求》（GB 25506—2010）

4.2.1　消防控制室管理应符合下列要求：

a）应实行每日 24h 专人值班制度，每班不应少于 2 人，值班人员应持有消防控制室操作职业资格证书；

c）应确保火灾自动报警系统、灭火系统和其他联动控制设备处于正常工作状态，不得将应处于自动状态的设在手动状态。

依据 2 "四能四会"

（1）"四能"：检查消除火灾隐患的能力；组织扑救初期火灾的能力；组织人员疏散逃生的能力；消防安全教育培训的能力。

（2）"四会"：会使用消防器材；会报火警；会扑救初起火灾；会组织疏散逃生。

4.4 灭火器材

4.4.1 本条评价项目的查评依据如下。

依据 《建筑灭火器配置设计规范》（GB 50140—2005）

5.1 灭火器设置一般规定

5.1.1 灭火器应设置在位置明显和便于取用的地点，且不得影响安全疏散。

5.1.2 对有视线障碍的灭火器设置点，应设置指示其位置的发光标志。

5.1.3 灭火器的摆放应稳固，其铭牌应朝外。手提式灭火器宜设置在灭火器箱内或挂钩、托架上，其顶部离地面高度不应大于1.50m；底部离地面高度不宜小于0.08m。灭火器箱不得上锁。

5.1.4 灭火器不宜设置在潮湿或强腐蚀性的地点，当必须设置时，应有相应的保护措施。灭火器设置在室外时，应有相应的保护措施。

5.1.5 灭火器不得设置在超出其使用温度范围的地点。

6.1 灭火器配置一般规定

6.1.1 一个计算单元内配置的灭火器数量不得少于2具。

6.1.2 每个设置点的灭火器数量不宜多于5具。

6.1.3 当住宅楼每层的公共部位建筑面积超过100m^{2}时，应配置1具1A的手提式灭火器；每增加100m^{2}时，增配1具1A的手提式灭火器。

4.4.2 本条评价项目的查评依据如下。

依据 《灭火器维修》（GA 95—2015）

7.1 灭火器自出厂日期算起，达到以下年限的，应报废：

a）水基型灭火器——6年

b）干粉灭火器——10年；

c）洁净气体灭火器——10年；

d）二氧化碳灭火器和贮气瓶——12年。

7.2 灭火器有下列情况之一者，应报废：

a）永久性标志模糊，无法识别；

b）气瓶（筒体）被火烧过；

c）气瓶（筒体）有严重变形；

d）气瓶（筒体）外部涂层脱落面积大于气瓶（筒体）总面积的三分之一；

e）气瓶（筒体）外表面、连接部位、底座有腐蚀的凹坑；

f）气瓶（筒体）有锡焊、铜焊或补缀等修补痕迹；

g）气瓶（筒体）内部有锈屑或内表面有腐蚀的凹坑；

h）水基型灭火器筒体内部的防腐层失效；

i）气瓶（筒体）的连接螺纹有损伤；

j）气瓶（筒体）水压试验不符合 6.5.2 的要求；

k）不符合消防产品市场准入制度的；

l）由不合法的维修机构维修过的；

m）法律或法规明令禁止使用的。

4.4.3 本条评价项目的查评依据如下。

`依  据` 《机关、团体、企业、事业单位消防安全管理规定》（公安部第 61 号令）

第二十九条 单位应当按照有关规定定期对灭火器进行维护保养和维修检查。对灭火器应当建立档案资料，记明配置类型、数量、设置位置、检查维修单位（人员）、更换药剂的时间等有关情况。

4.5 火灾自动报警系统

4.5.1 本条评价项目的查评依据如下。

`依  据 1` 《消防控制室通用技术要求》（GB 25506—2010）

3.1 消防控制室内设置的消防设备应包括火灾报警控制器、消防联动控制器、消防控制室图形显示装置、消防电话总机、消防应急广播控制装置、消防应急照明和疏散指示系统控制装置、消防电源监控器等设备，或具有相应功能的组合设备。

`依  据 2` 《火灾自动报警系统设计规范》（GB 50116—2013）

3.2.1 火灾自动报警系统形式的选择，应符合下列规定：

1 仅需要报警，不需要联动自动消防设备的保护对象宜采用区域报警系统。

2 不仅需要报警，同时需要联动自动消防设备，且只设置一台具有集中控制功能的火灾报警控制器和消防联动控制器的保护对象，应采用集中报警系统，并应设置一个消防控制室。

3.2.2 区域报警系统的设计，应符合下列规定：

1 系统应由火灾探测器、手动火灾报警按钮、火灾声光报警器及火灾报警控制器等组成，系统中可包括消防控制室图形显示装置和指示楼层的区域显示器。

2 火灾报警控制器应设置在有人值班的场所。

3 系统设置消防控制室图形显示装置时，该装置应具有传输本规范附录 A 和附录 B 规定的有关信息的功能；系统未设置消防控制室图形显示装置时，应设置火警传输设备。

3.2.3 集中报警系统的设计，应符合下列规定：

1 系统应由火灾探测器、手动火灾报警按钮、火灾声光报警器、消防应急广播、消防专用电话、消防控制室图形显示装置、火灾报警控制器、消防联动控制器等组成。

2 系统中的火灾报警控制器、消防联动控制器和消防控制室图形显示装置、消防应急广播的控制装置、消防专用电话总机等起集中控制作用的消防设备，应设置在消防控制室内。

3 系统设置消防控制室图形显示装置应具有传输本规范附录 A 和附录 B 规定的有关信息的功能。

附录 A   火灾报警、建筑消防设施运行状态信息表

设施名称		内　　容
火灾探测报警系统		火灾报警信息、可燃气体探测报警信息、电气火灾监控报警信息、屏蔽信息、故障信息
消防联动控制系统	消防联动控制器	动作状态、屏蔽信息、故障信息
	消火栓系统	消防水泵电源的工作状态，消防水泵的启、停状态和故障状态，消防水箱（池）水位、管网压力报警信息及消火栓按钮的报警信息
	自动喷水灭火系统、水喷雾（细水雾）灭火系统（泵供水方式）	喷淋泵电源的工作状态，喷淋泵的启、停状态和故障状态，水流指示器、信号阀、报警阀、压力开关的正常工作状态和动作状态
	气体灭火系统、细水雾灭火系统（压力容器供水方式）	系统的手动、自动工作状态及故障状态，阀驱动装置的正常工作状态和动作状态，防护区域中的防火门（窗）、防火阀、通风空调等设备的正常工作状态和动作状态，系统的启、停信息，紧急停止信号和管网压力信号
	泡沫灭火系统	消防水泵、泡沫液泵电源的工作状态，系统的手动、自动工作状态及故障状态，消防水泵、泡沫液泵的正常工作状态和动作状态
	干粉灭火系统	系统的手动、自动工作状态及故障状态，阀驱动装置的正常工作状态和动作状态，系统的启、停信息，紧急停止信号和管网压力信息
	防烟排烟系统	系统的手动、自动工作状态，防烟排烟风机电源的工作状态，风机、电动防火阀、电动排烟防火阀、常闭送风口、排烟阀（口）、电动排烟窗、电动挡烟垂壁的正常工作状态和动作状态

设施名称		内　　容
消防联动控制系统	防火门及卷帘系统	防火卷帘控制器、防火门监控器的工作状态和故障状态；卷帘门的工作状态，具有反馈信号的各类防火门、疏散门的工作状态和故障状态等动态信息
	消防电梯	消防电梯的停用和故障状态
	消防应急广播	消防应急广播的启动、停止和故障状态
	消防应急照明和疏散指示系统	消防应急照明和疏散指示系统的故障状态和应急工作状态信息
	消防电源	系统内各消防用电设备的供电电源和备用电源工作状态和欠压报警信息

附录 B　　　　　　　　　　　消防安全管理信息表

序号	名称		内　　容
1	基本情况		单位名称、编号、类别、地址、联系电话、邮政编码、消防控制室电话；单位职工人数、成立时间、上级主管（或管辖）单位名称、占地面积、总建筑面积、单位总平面图（含消防车道、毗邻建筑等）；单位法人代表、消防安全责任人、消防安全管理人及专兼职消防管理人的姓名、身份证号码、电话
2	主要建、构筑物等信息	建（构）筑物	建筑物名称、编号、使用性质、耐火等级、结构类型、建筑高度、地上层数及建筑面积、地下层数及建筑面积、隧道高度及长度等、建造日期、主要存储名称及数量、建筑物内最大容纳人数、建筑立面图及消防设施平面布置图；消防控制室位置、安全出口数量、位置及形式（指疏散楼梯）；毗邻建筑的使用性质、结构类型、建筑高度、与本建筑的间距
		堆场	堆场名称、主要堆放物品名称、总储量、最大堆高、堆场平面图（含消防车道、防火间距）
		储罐	储罐区名称、储罐类型（指地上、地下、立式、卧式、浮顶、固定顶等）、总容积、最大单罐容积及高度、储存物名称、性质和形态、储罐区平面图（含消防车道、防火间距）
		装置	装置区名称、占地面积、最大高度、设计日产量、主要原料、主要产品、装置区平面图（含消防车道、防火间距）
3	单位（场所）内消防安全重点部位信息		重点部位名称、所在位置、使用性质、建筑面积、耐火等级、有无消防设施、责任人姓名、身份证号码及电话
4	室内外消防设施信息	火灾自动报警系统	设置部位、系统形式、维保单位名称、联系电话；控制器（含火灾报警、消防联动、可燃气体报警、电气火灾监控等）、探测器（含火灾探测、可燃气体探测、电气火灾探测等）、手动火灾报警按钮、消防电气控制装置等的类型、型号、数量、制造商；火灾自动报警系统图
		消防水源	市政给水管网形式（指环状、支装）及管径、市政管网向建（构）筑物供水的进水管数量及管径、消防水池位置及容量、屋顶水箱位置及容量、其他水源形式及供水量、消防泵房设置位置及水泵数量、消防给水系统平面布置图

序号	名称		内　容
4	室内外消防设施信息	室外消火栓	室外消火栓管网形式（指环状、支装）及管径、消火栓数量、室外消火栓平面布置图
		室内消火栓系统	室内消火栓管网形式（指环状、支装）及管径、消火栓数量、水泵接合器位置及数量、有无与本系统相连的屋顶消防水箱
		自动喷水灭火系统（含有雨淋、水雾）	设置部位、系统形式（指湿式、干式、预作用，开式、闭式等）、报警阀位置及数量、水泵接合器位置及数量、有无与本系统相连的屋顶消防水箱、自动喷水灭火系统图
		水喷雾（细水雾）灭火系统	设置部位、报警阀位置及数量、水喷雾（细水雾）灭火系统图
		气体灭火系统	系统形式（指有管网、无管网，组合分配，独立式，高压、低压等）、系统保护的防护区数量及位置、手动控制装置的位置、钢瓶间位置、灭火器类型、气体灭火系统图
		泡沫灭火系统	设置部位、泡沫种类（指低倍、中倍、高倍，抗溶、氟蛋白等）、系统形式（指液上、液下，固定、半固定等），泡沫灭火系统图
		干粉灭火系统	设置部位、干粉储罐位置、干粉灭火系统图
		防烟排烟系统	设置部位、风机安装位置、风机数量、风机类型、防烟排烟系统图
		防火门及卷帘	设置部位、数量
		消防应急广播	设置部位、数量、消防应急广播系统图
		应急照明及疏散指示系统	设置部位、数量、应急照明及疏散指示系统图
		消防电源	设置部位、消防电源在配电室是否有独立配电柜供电、备用电源形式（市电、发电机、EPS等）
		灭火器	设置部位、配置类型（指手提式、推车式等）、数量、生产日期、更换药剂日期
5	消防设施定期检查和维护保养信息		检查人姓名、检查日期、检查类别（指日检、月检、季检、年检等）、检查内容（指各类消防设施相关技术规范规定的内容）及处理结果，维护保养日期、内容
6	日常防火巡查记录	基本信息	值班人员姓名、每日巡查次数、巡查时间、巡查部位
		用火用电	用火、用电、用气有无违章情况
		疏散通道	安全出口、疏散通道、疏散楼梯是否畅通，是否堆放可燃物；疏散走道、疏散楼梯、顶棚装修材料是否合格
		防火门、防火卷帘	常闭防火门是否处于正常工作状态，是否被锁闭；防火卷帘是否处于正常工作状态，防火卷帘下方是否堆放物品影响使用
		消防设施	疏散指示标志、应急照明是否处于正常完好状态；火灾自动报警系统探测器是否处于正常完好状态；自动喷水灭火系统喷头、末端试水装置、报警阀是否处于正常完好状态；室内、室外消火栓系统是否处于正常完好状态；灭火器是否处于正常完好状态
7	火灾信息		起火时间、起火部位、起火原因、报警方式（指自动、人工等）、灭火方式（指气体、喷水、水喷雾、泡沫、干粉灭火系统、灭火器、消防队等）

3.4.8　消防控制室内设备的布置应符合下列规定：

1 设备面盘前的操作距离，单列布置时不应小于 1.5m；双列布置时不应小于 2m。

2 在值班人员经常工作的一面，设备面盘至墙的距离不应小于 3m。

3 设备面盘后的维修距离不宜小于 1m。

4 设备面盘的排列长度大于 4m 时，其两端应设置宽带不小于 1m 的通道。

5 与建筑其他弱电系统合用的消防控制室内，消防设备应集中设置，并应与其他设备间有明显间隔。

依据 3 《建筑设计防火规范》（GB 50016—2014）

7.3.7 消防电梯的井底应设置排水设施，排水井的容量不应小于 $2m^3$，排水泵的排水量不应小于 10L/s。消防电梯间前室的门口宜设置挡水设施。

7.3.8 消防电梯应符合下列规定：

4 电梯的动力与控制电缆、电线、控制面板应采用防水措施；

5 在首层的消防电梯入口处应设置供消防队员专用的操作按钮；

6 电梯轿厢的内部装修应采用不燃材料；

7 电梯轿厢内部应设置专用消防对讲电话。

4.5.2 本条评价项目的查评依据如下。

依据 1 《火灾自动报警系统施工及验收规范》（GB 50166—2007）

3.4.1 点型感烟、感温火灾探测器的安装，应符合下列要求：

1 探测器至墙壁、梁边的水平距离，不应小于 0.5m。

2 探测器周围水平距离 0.5m 内，不应有遮挡物。

4 在宽度小于 3m 的内走道顶棚上设置点型探测器时，宜居中布置。点型感温火灾探测器的安装间距不应超过 10m；点型感烟火灾探测器的安装间距，不应超过 15m；探测器至端墙的距离，不应大于探测器安装间距的一半。

6.2.1 不得随意中断火灾自动报警系统，应保证其处于持续运行状态。

依据 2 《电力设备典型消防规程》（DL 5027—2015）

6.3.9 火灾自动报警系统还应符合下列要求：

1 应具备防强磁场干扰措施，在户外安装的设备应有防雷、防水、防腐蚀措施。

2 火灾自动报警系统的专用导线或电缆应采用阻燃型屏蔽电缆。

3 火灾自动报警系统的传输线路应采用穿金属管、经阻燃处理的硬质塑料管或封闭式线槽保护方式布线。

4 消防联动控制、通信和报警线路采用暗敷设时，宜采用金属管或经阻燃处理的硬质塑料管保护，并应敷设在不燃烧体的结构层内，且保护层厚度不宜小于 30mm；当采用明敷设时，应采用金属管或金属线槽保护，并应在金属管或金属线槽上采取防火保护措施。采用经阻燃处理的电缆可不穿金属管保护，但应敷设在有防火保护措施的封闭线槽内。

6.3.11 配电装置室内装有自动灭火系统时，配电装置室应装设 2 个以上独立的探测器。火灾报警探测器宜多类型组合使用。同一配电装置室内 2 个以上探测器同时报警时，可以联动该配电装置室内自动灭火设备。

依据 3 《火灾自动报警系统设计规范》（ GB 50116—2013 ）

6.2.2 点型火灾探测器的设置应符合下列规定：

1 探测区域的每个房间应至少设置一只火灾探测器。

2 感烟火灾探测器和 A1、A2、B 型感温火灾探测器的保护面积和保护半径，应按表 6.2.2 确定；C、D、E、F、G 型感温火灾探测器的保护面积和保护半径，应根据生产企业设计说明书确定，但不应超过表 6.2.2 的规定。

表 6.2.2 感烟火灾探测器和 A1、A2、B 型感温

火灾探测器的保护面积和保护半径

火灾探测器的种类	地面面积 S（m²）	房间高度 h（m）	一只探测器的保护面积 A 和保护半径 R					
			屋顶坡度 θ					
			$\theta \leqslant 15°$		$15° < \theta \leqslant 30°$		$\theta > 30°$	
			A（m²）	R（m）	A（m²）	R（m）	A（m²）	R（m）
感烟火灾探测器	$S \leqslant 80$	$h \leqslant 12$	80	6.7	80	7.2	80	8.0
	$S > 80$	$6 < h \leqslant 12$	80	6.7	100	8.0	120	9.9
		$h \leqslant 6$	60	5.8	80	7.2	100	9.0
感温火灾探测器	$S \leqslant 30$	$h \leqslant 8$	30	4.4	30	4.9	30	5.5
	$S > 30$	$h \leqslant 8$	20	3.6	30	4.9	40	6.3

4 一个探测区域内所需设置的探测器数量，不应小于公式（6.2.2）的计算值：

$$N = \frac{S}{K \times A} \qquad (6.2.2)$$

式中　　N——探测器数量（只），N 应取整数;

　　　　S——该探测区域面积（m^2）;

　　　　K——修正系数，容纳人数超过 10000 人的公共场所宜取 0.7～0.8; 容纳人数为

　　　　　　　2000 人～10000 人的公共场所宜取 0.8～0.9; 容纳人数为 500 人～2000 人

　　　　　　　的公共场所宜取 0.9～1.0; 其他场所可取 1.0;

　　　　A——探测器的保护面积（m^2）。

6.2.3　在有梁的顶棚上设置点型感烟火灾探测器、感温火灾探测器时，应符合下列规定:

　　1　当梁突出顶棚的高度小于 200mm 时，可不计梁对探测器保护面积的影响;

　　2　当梁突出顶棚的高度为 200mm～600mm 时，应按本规范附录 F、附录 G 确定梁对探测器保护面积的影响和一只探测器能够保护的梁间区域的数量。

　　3　当梁突出顶棚的高度超过 600mm 时，被梁隔断的每个梁间区域应至少设置一只探测器。

　　4　当被梁隔断的区域面积超过一只探测器的保护面积时,被隔断的区域应按本规范第 6.2.2 条第 4 款的规定计算探测器的设置数量。

　　5　当梁间净距小于 1m 时，可不计梁对探测器保护面积的影响。

6.2.18　烟感火灾探测器在格栅吊顶场所的设置，应符合下列规定:

　　1　镂空面积与总面积的比例不大于 15% 时，探测器应设置在吊顶下方。

　　2　镂空面积与总面积的比例大于 30% 时，探测器应设置在吊顶上方。

　　3　镂空面积与总面积的比例为 15%～30% 时,探测器的设置部位应根据实际试验结果确定。

　　4　探测器设置在吊顶上方且火警确认灯无法观察时，应在吊顶下方设置火警确认灯。

4.5.3　本条评价项目的查评依据如下。

依据 1　《消防控制室通用技术要求》（GB 25506—2010）

3.2　消防控制室内设置的消防设备应能监控并显示建筑消防设施运行状态信息，并应具有向城市消防远程监控中心传输这些信息的功能。

依据 2 《电力设备典型消防规程》(DL 5027—2015)

6.3.8 火灾自动报警系统应接入本单位或上级 24h 有人值守的消防监控场所，并有声光警示功能。

依据 3 《火灾自动报警系统设计规范》(GB 50116—2013)

3.2.2 区域报警系统的设计，应符合下列规定:

2) 火灾报警控制器应设置在有人值班的场所。

4.5.4 本条评价项目的查评依据如下。

依据 《火灾自动报警系统施工及验收规范》(GB 50166—2007)

6.2.2 每日应检查火灾报警控制器的功能，并按本规范附录 F 的要求填写相应的记录。

6.2.3 每季度应检查和试验火灾自动报警系统的下列功能，并按本规范附录 F 的要求填写相应的记录。

1 采用专用检测仪器分期分批试验探测器的动作及确认灯显示。

2 试验火灾报警装置的声光显示。

3 试验水流指示器、压力开关等报警功能、信号显示。

4 对主电源和备用电源进线 1 次～3 次自动切换试验。

5 用自动或手动检查消防控制设备的控制显示功能。

6 检查消防电梯迫降功能。

7 应抽查不少于总数 25%的消防电话和电话插孔在消防控制室进行对讲通话试验。

6.2.4 每年应检查和试验火灾自动报警系统的下列功能，并按本规范附录 F 的要求填写相应的记录。

1 采用专用检测仪器对所安装的全部探测器和手动报警装置试验至少 1 次。

2 自动和手动打开排烟阀，关闭电动防火阀和空调系统。

3 对全部电动防火阀、防火卷帘的试验至少 1 次。

4 强制切断非消防电源功能试验。

5 对其他有关的消防控制装置进行功能试验。

附录 F　火灾自动报警系统日常维护检查记录

表 F　　　　　　　　　火灾自动报警系统日常维护检查记录表

使用单位	
维护检查执行的规范名称及编号	
检查类别（日检、季检、年检）	

检查日期	检查项目	检查结论	处理结果	检查人员签字

火灾报警装置日常检查表

序号	检 查 内 容	检查结果（√）	备注
1	控制器报警自检功能；消音、复位功能；故障报警功能；报警记忆功能；电源自动转换功能；屏蔽、隔离设备功能		
2	火灾探测报警系统的火灾报警信息、屏蔽信息、故障信息		
3	消防联动控制器的动作状态、屏蔽信息、故障信息		
4	消防水泵电源的工作状态，消防水泵的启、停状态和故障状态，消防水箱（池）水位、管网压力报警信息及消火栓按钮的报警信息		
5	喷淋泵电源的工作状态，喷淋泵的启、停状态和故障状态，水流指示器、信号阀、报警阀、压力开关的正常工作状态和动作状态		
6	防烟排烟系统的手动、自动工作状态，防烟排烟风机电源的工作状态，风机的正常工作状态和动作状态		
7	防火卷帘控制器、防火门监控器的工作状态和故障状态；卷帘门的工作状态，具有反馈信号的各类防火门、疏散门的工作状态和故障状态等动态信息		
8	消防电梯的停用和故障状态		
9	消防应急广播的启动、停止和故障状态		
10	系统内各消防用电设备的供电电源和备用电源工作状态和欠压报警信息		
检查人员			

注：检查项正常时在检查结果栏打钩（√），有问题时在备注栏写清具体情况；根据实际情况，对上表内容进行调整。

火灾报警装置季度检查表

序号	检 查 内 容	检查结果
1	采用专用检测仪器分期分批试验探测器的动作及确认灯显示	
2	试验火灾报警装置的声光显示	
3	试验水流指示器、压力开关等报警功能、信号显示	
4	对主电源和备用电源进线 1 次～3 次自动切换试验	
5	用自动或手动检查消防控制设备的控制显示功能	
6	检查消防电梯迫降功能	
7	抽查不少于总数 25%的消防电话和电话插孔在消防控制室进行对讲通话试验	
检查人员		

注：根据实际情况，对上表内容进行调整。

火灾报警装置年度检查表

序号	检 查 内 容	检查结果
1	采用专用检测仪器对所安装的全部探测器和手动报警装置试验至少 1 次	
2	自动和手动打开排烟阀，关闭电动防火阀和空调系统	
3	对全部电动防火阀、防火卷帘的试验至少 1 次	
4	强制切断非消防电源功能试验	
5	对其他有关的消防控制装置进行功能试验	
检查人员		

注：各单位根据实际情况，对上表内容进行调整。

4.5.5 本条评价项目的查评依据如下。

依 据 《火灾自动报警系统施工及验收规范》（GB 50166—2007）

6.2.5 点型感烟火灾探测器投入运行 2 年后，应每隔 3 年至少全部清洗一遍；通过采样管采样的吸气式感烟火灾探测器根据使用环境的不同，需要对采样管道进行定期吹洗，最长的时间间隔不应超过 1 年；探测器的清洗应由有相关资质的机构根据产品生产企业的要求进行。探测器清洗后应做相应阈值及其他必要的功能试验，合格者方可继续使用。不合格探测器严禁重新安装使用，并应将该不合格品返回产品生产企业集中处理，严禁将离子感烟火灾探测器随意丢弃。

4.6 消防水系统

4.6.1 本条评价项目的查评依据如下。

依 据 1 参照 2.3.5 条【依据 3】《消防控制室通用技术要求》（GB 25506—2010）第 4.2.1 条 d）的相关规定

依 据 2 《消防给水及消火栓系统技术规范》（GB 50974—2014）

4.3.8 消防用水与其他用水共用的水池，应采取确保消防用水量不作他用的技术措施。

4.3.9 消防水池的出水、排水和水位应符合下列规定：

1 消防水池的出水管应保证消防水池的有效容积能被全部利用；

2 消防水池应设置就地水位显示装置，并应在消防控制中心或值班室等地点设置显示消防水池水位的装置，同时应有最高和最低报警水位；

3 消防水池应设置溢流水管和排水设施，并应采用间接排水。

5.2.6 高位消防水箱应符合下列规定：

1 高位消防水箱的有效容积、出水、排水和水位等，应符合本规范第 4.3.8 条和第 4.3.9 条的规定。

5 进水管的管径应满足消防水箱 8h 充满水的要求，但管径不应小于 DN32，进水管宜设置液位阀或浮球阀。

6 进水管应在溢流水位以上接入，进水管口的最低点高出溢流边缘的高度应等于进水管管径，但最小不应小于 100mm，最大不应大于 150mm。

8 溢流管的直径不应小于进水管直径的 2 倍，且不应小于 DN100，溢流管的喇叭口直径不应小于溢流管直径的 1.5 倍～2.5 倍。

9 高位消防水箱出水管管径应满足消防给水设计流量的出水要求，且不应小于 DN100。

4.6.2 本条评价项目的查评依据如下。

依 据 《建筑设计防火规范》（GB 50016—2014）

8.1.6 消防水泵房的设置应符合下列规定：

2 附设在建筑内的消防水泵房，不应设置在地下三层及以下或室内地面与室外出入

口地坪高差大于 10m 的地下楼层;

   3 疏散门应直通室外或安全出口。

4.6.3 本条评价项目的查评依据如下。

> **依　据** 参照 2.3.5 条【依据 3】《消防控制室通用技术要求》（GB 25506—2010）第 4.2.1 条 d）的相关规定

4.6.4 本条评价项目的查评依据如下。

> **依 据 1** 参照 2.1.1 条【依据 1】《中华人民共和国消防法》（2008 年修订）第十六条（二）、（三）的相关规定

> **依 据 2** 《自动喷水灭火系统施工及验收规范》（GB 50261—2005）

4.5.2 消防水泵接合器的安装应符合下列规定:

   2 自动喷水灭火系统的消防水泵接合器应设置与消火栓系统的消防水泵接合器区别的永久性固定标志，并有分区标志。

   3 地下消防水泵接合器应采用铸有"消防水泵接合器"标志的铸铁井盖，并在附近设置指示其位置的永久性固定标志。

4.5.3 地下消防水泵接合器的安装，应使进水口与井盖地面的距离不大于 0.4m，且不应小于井盖的半径。

> **依 据 3** 《消防给水及消火栓系统技术规范》（GB 50974—2014）

7.2.11 地下式市政消火栓应有明显的永久性标志。

7.4.2 室内消火栓的配置应符合下列要求:

   1 应采用 DN65 室内消火栓，并可与消防软管卷盘或轻便水龙设置在同一箱体内。

7.4.5 消防电梯前室应设置室内消火栓，并应计入消火栓使用数量。

7.4.6 室内消火栓的布置应满足同一平面有 2 支消防水枪的 2 股充实水柱同时达到任何部位的要求，但建筑高度小于或等于 24.0m 且体积小于或等于 5000m^3 的多层仓库、建筑高度小于或等于 54m 且每单元设置一部疏散楼梯的住宅，以及本规范表 3.5.2 中规定可采用 1 支消防水枪的场所，可采用 1 支消防水枪和 1 股充实水柱到达室内任何部位。

7.4.8 建筑室内消火栓栓口的高度应便于消防水龙头带的连接和使用，其距地面高度宜为 1.1m; 其出水方向应便于消防水带的敷设，并宜与设置消火栓的墙面成 90° 角或向下。

7.4.9　设有室内消火栓的建筑应设置带有压力表的试验消火栓，其设置位置应符合下列规定：

1）多层和高层建筑应在其屋顶设置，严寒、寒冷等冬季结冰地区可设置在顶层出口处或水箱间内等便于操作和防冻的位置；

2）单层建筑宜设置在水力最不利处，且应靠近出入口。

7.4.12　室内消火栓栓口压力和消防水枪充实水柱，应符合下列规定：

1　消火栓栓口动压力不应大于 0.50MPa；当大于 0.70MPa 时，必须设置减压装置；

2　高层建筑、厂房、库房和室内净空高度超过 8m 的民用建筑等场所，消火栓栓口动压不应小于 0.35MPa，且消防水枪充实水柱应按 13m 计算；其他场所的消火栓栓口动压不应小于 0.25MPa，且消防水枪充实水柱应按 10m 计算。

8.3.7　消防给水系统的室内外消火栓、阀门等设置位置，应设置永久性固定标识。

12.3.9　室内消火栓及消防软管卷盘或轻便龙头的安装应符合下列规定：

6　消火栓栓口出水方向宜向下或与设置消火栓的墙面成 90 角，栓口不应安装在门轴侧。

12.3.10　消火栓箱的安装应符合下列规定：

4　消火栓箱门的开启不应小于 120；

5　安装消火栓水龙带，水龙带与消防水枪和快速接头绑扎好后，应根据箱内构造将水龙带放置。

依据 4　《建筑设计防火规范》（GB 50016—2014）

8.2.1　下列建筑或场所应设置室内消火栓系统：

1　建筑占地面积大于 300m² 的厂房和仓库；

5　建筑高度大于 15m 或体积大于 10000m³ 的办公建筑、教学建筑和其他单、多层民用建筑。

4.6.5　本条评价项目的查评依据如下。

依据 1　《水喷雾灭火系统技术规范》（GB 50219—2014）

3.2.3　水雾喷头与保护对象之间的距离不得大于水雾喷头的有效射程。

6.0.8　水喷雾灭火系统的控制设备应具有下列功能：

1　监控消防水泵的启、停状态；

2　监控雨淋报警阀的开启状态，监视雨淋报警阀的关闭状态；

3 监控电动或气动控制阀的开、闭状态；

4 监控主、备用电源的自动切换。

8.2.5 消防泵组、雨淋报警阀、气动控制阀、电动控制阀、沟槽式管接件、阀门、水力警铃、压力开关、压力表、管道过滤器、水雾喷头、水泵接合器等系统组件的外观质量应符合下列要求：

1 应无变形及其他机械性损伤；

2 外露非机械加工表面保护涂层应完好；

3 无保护涂层的机械加工面应无锈蚀；

4 所有外露接口应无损伤，堵、盖等保护物包封应良好；

5 铭牌标记应清晰、牢固。

10.0.1 水喷雾灭火系统应具有管理、检测、操作与维护规程，并应保证系统处于准工作状态。维护管理工作应按本规范附录 G 的规定进行记录。

10.0.3 系统应按本规范要求进行日检、周检、月检、季检和年检，检查中发现的问题应及时按规定要求处理。

依据 2 《自动喷水灭火系统施工及验收规范》（GB 50261—2005）

9.0.1 自动喷水灭火系统应具有管理、检测、维护规程，并应保证系统处于准工作状态。维护管理工作，应按本规范附录 G 的要求进行。

9.0.2 维护管理人员应经过消防专业培训，应熟悉自动喷水灭火系统的原理、性能和操作维护规程。

4.7 气体灭火系统

4.7.1 本条评价项目的查评依据如下。

依据 1 《电力调度通信中心工程设计规范》（GB/T 50980—2014）

2.0.2 工艺机房对环境有特殊要求，安装自动化、通信、保护等相关专业的电子信息处理、交换、传输和存储等设备的场所。

4.6.1 消防措施应符合下列规定：

1 工艺机房应设置火灾自动报警系统，并应按照现行国家标准《建筑设计防火规范》GB 50016 的有关规定执行；

2 工艺机房应设置气体消防系统。

依 据 2　《气体灭火系统设计规范》（GB 50370—2005）

3.1.15　同一防护区内的预制灭火系统装置多于 1 台时，必须能同时启动，其动作响应时差不得大于 2s。

3.1.16　单台热气溶胶预制灭火系统装置的保护容积不应大于 160m³；设置多台装置时，其相互间的距离不得大于 10m。

3.2.7　防护区应设置泄压口，七氟丙烷灭火系统的泄压口应位于防护区净高的 2/3 以上。

3.2.9　喷放灭火剂前，防护区内除泄压口外的开口应能自行关闭。

3.3.7　在通信机房和电子计算机房等防护区，设计喷放时间不应大于 8s；在其他防护区，设计喷放时间不应大于 10s。

4.1.4　在储存容器或容器阀上，应设安全泄压装置和压力表。组合分配系统的集流管，应设安全泄压装置。安全泄压装置的动作压力，应符合相应气体灭火系统的设计规定。

6.0.1　防护区应有保证人员在 30s 内疏散完毕的通道和出口。

6.0.3　防护区的门应向疏散方向开启，并能自行关闭；用于疏散的门必须能从防护区内打开。

6.0.4　灭火后的防护区应通风换气，地下防护区和无窗或设固定窗扇的地上防护区，应设置机械排风装置，排风口宜设在防护区的下部并应直通室外。通信机房、电子计算机房等场所的通风换气次数应不少于每小时 5 次。

4.8　电缆和防火封堵

4.8.1　本条评价项目的查评依据如下。

依 据 1　《电力设备典型消防规程》（DL 5027—2015）

10.5.3　凡穿越墙壁、楼板和电缆沟道而进入控制室、电缆夹层、控制柜及仪表盘、保护盘等处的电缆孔、洞、竖井和进入油区的电缆入口处必须用防火堵料严密封堵。靠近充油设备的电缆沟，应设有防火延燃措施，盖板应封堵。

10.5.4　在已完成电缆防火措施的电缆孔洞等处新敷设或拆除电缆，必须及时重新做好相应的防火封堵措施。

10.5.9　在多个电缆头并排安装的场合中，应在电缆头之间加隔板或填充阻燃材料。

10.5.10 进行扑灭隧（廊）道、通风不良场所的电缆头着火时，应使用正压式消防空气呼吸器及绝缘手套，并穿上绝缘鞋。

10.5.11 电力电缆中间接头盒的两侧及其邻近区域，应增加防火包带等阻燃措施。

10.5.12 施工中动力电缆与控制电缆不应混放、分布不均及堆积乱放。在动力电缆与控制电缆之间，应设置层间耐火隔板。

10.5.14 电缆隧道的下列部位宜设置防火分隔，采用防火墙上设置防火门的形式：

1 电缆进出隧道的出入口及隧道分支处。

2 电缆隧道位于变电站内时，间隔不大于 100m 处。

3 电缆隧道位于变电站外时，间隔不大于 200m 处。

4 长距离电缆隧道通风区段处，且间隔不大于 500m。

5 电缆交叉、密集部位，间隔不大于 60m。

依 据 2 《建筑设计防火规范》（GB 50016—2014）

6.2.9 建筑内的电梯井等竖井应符合下列规定：

3 建筑内的电缆井、管道井应在每层楼板处采用不低于楼板耐火极限的不燃材料或防火封堵材料封堵。

建筑内的电缆井、管道井与房间、走道等相连通的孔隙应采用防火封堵材料封堵。

6.3.5 防烟、排烟、供暖、通风和空气调节系统中的管道及建筑内的其他管道，在穿越防火隔墙、楼板和防火墙处的孔隙应采用防火封堵材料封堵。

4.8.2 本条评价项目的查评依据如下。

依 据 《电力设备典型消防规程》（DL 5027—2015）

6.1.14 排水沟、电缆沟、管沟等沟坑内不应有积油。

10.5.6 电缆夹层、隧（廊）道、竖井、电缆沟内应保持整洁，不得堆放杂物，电缆沟洞严禁积油。

4.9 防排烟系统

依 据 《建筑设计防火规范》（GB 50016—2014）

8.5.1 建筑的下列场所或部位应设置防烟设施：

1　防烟楼梯间及其前室;

2　消防电梯间前室或合用前室;

3　避难走道的前室、避难层（间）。

建筑高度不大于 50m 的公共建筑、厂房、仓库和建筑高度不大于 100m 的住宅建筑，当其防烟楼梯间的前室或合用前室符合下列条件之一时，楼梯间可不设置防烟系统:

1　前室或合用前室采用敞开的阳台、凹廊;

2　前室或合用前室具有不同朝向的可开启外窗，且可开启外窗的面积满足自然排烟口的面积要求。

8.5.3　民用建筑的下列场所或部位应设置排烟设施:

2　中庭;

3　公共建筑内建筑面积大于 $100m^2$ 且经常有人停留的地上房间;

4　公共建筑内建筑面积大于 $300m^2$ 且可燃物较多的地上房间;

5　建筑内长度大于 20m 的疏散走道。

8.5.4　地下或半地下建筑（室）、地上建筑内的无窗房间，当总建筑面积大于 $200m^2$ 或一个房间建筑面积大于 $50m^2$，且经常有人停留或可燃物较多时，应设置排烟设施。

4.10　消防供电

4.10.1　本条评价项目的查评依据如下。

依　据　《建筑设计防火规范》（GB 50016—2014）

10.1.6　消防用电设备应采用专用的供电回路，当建筑内的生产、生活用电被切断时，应仍能保证消防用电。备用消防电源的供电时间和容量，应满足该建筑火灾延续时间内各消防用电设备的要求。

10.1.8　消防控制室、消防水泵房、防烟和排烟风机房的消防用电设备及消防电梯等的供电，应在其配电线路的最末一级配电箱处设置自动切换装置。

10.1.10　消防配电线路应满足火灾时连续供电的需要，其敷设应符合下列规定:

1　明敷时（包括敷设在吊顶内），应穿金属导管或采用封闭式金属槽盒保护，金属导管或封闭式金属槽盒应采取防火保护措施;当采用阻燃或耐火电缆并敷设在电缆井、沟内时，可不穿金属管或采用封闭式金属槽盒保护;当采用矿物绝缘类不燃电缆时，可直接明敷。

2 暗敷时，应穿管并应敷设在不燃性结构内，且保护层厚度不应小于30mm。

4.11 其他

4.11.1 本条评价项目的查评依据如下。

依 据 《电力设备典型消防规程》(DL 5027—2015)

14.4.1 设置固定式气体灭火系统的变电站等场所应配置正压式消防空气呼吸器,数量宜按每座有气体灭火系统的建筑物各设2套,可放置在气体保护区出入口外部、灭火剂储瓶间或同一建筑的有人值班控制室内。

14.4.2 长距离电缆隧道、长距离地下燃料皮带通廊、地下变电站的主要出入口应至少配置2套正压式消防空气呼吸器和4只防毒面具。

14.4.3 正压式消防空气呼吸器应放置在专用设备柜内,柜体应为红色并固定设置标志牌。

4.11.2 本条评价项目的查评依据如下。

依 据 《电力设备典型消防规程》(DL 5027—2015)

10.6.1 酸性蓄电池室应符合下列要求:

1 严禁在蓄电池室内吸烟和将任何火种带入蓄电池室内。蓄电池室门上应有"蓄电池室""严禁烟火"等标志牌。

2 蓄电池室采暖宜采用电采暖器,严禁采用明火取暖。若确有困难需采用水采暖时,散热器应选用钢质,管道应采用整体焊接。采暖管道不宜穿越蓄电池室楼板。

3 蓄电池室每组宜布置在单独的室内,如确有困难,应在每组蓄电池之间设耐火时间为大于2.0h的防火隔断。蓄电池室门应向外开。

4 酸性蓄电池室内装修应有防酸措施。

5 容易产生爆炸性气体的蓄电池室内应安装防爆型探测器。

6 蓄电池室应装有通风装置,通风适应单独设置,不应通向烟道或厂房内的总通风系统。离通风管出口处10m内有引爆物质场所时,通风管的出风口至少应高出该建筑物屋顶2.0m。

7 蓄电池室应使用防爆型照明和防爆型排风机,开关、熔断器、插座等应装在蓄电池室的外面。蓄电池室的照明线应采用耐酸导线,并用暗线敷设。

8 凡是进出蓄电池室的电缆、电线，在穿墙处应用耐酸瓷管或聚氯乙烯硬管穿线，并在其进出口端用耐酸材料将管口封堵。

9 当蓄电池室受到外界火势威胁时，应立即停止充电，如充电刚完毕，则应继续开启排风机，抽出室内氢气。

10 蓄电池室火灾时，应立即停止充电并灭火。

10.6.2 其他蓄电池室（阀控式密封铅酸蓄电池室、无氢蓄电池室、锂电池室、UPS室等）应符合下列要求：

1 蓄电池室应装有通向室外的有效通风装置，阀控式密封铅酸蓄电池室内的照明、通风设备可不考虑防爆。

2 锂电池应设置在专用房间内，建筑面积小于200m^{2}时，应设置干粉灭火器和消防砂箱；建筑面积不小于200m^{2}时，宜设置气体灭火系统和自动报警系统。

4.11.3 本条评价项目的查评依据如下。

依 据 《建筑电气工程施工质量验收规范》（GB 50303—2015）

3.2.7 高低压成套配电柜、蓄电池柜、UPS柜、EPS柜、低压成套配电柜（箱）、控制柜（台、箱）的进场验收应符合下列规定：

1 查验合格证和随带技术文件：高压和低压成套配电柜、蓄电池柜、UPS柜、EPS柜等成套柜应有出厂试验报告；

2 核对产品型号、产品技术参数，应符合设计要求；

3 外观检查：设备应有铭牌，表面涂层应完整、无明显碰撞凹陷，设备内元器件应完好无损、接线无脱落脱焊，绝缘导线的材质、规格应符合设计要求，蓄电池柜内电池壳体应无碎裂、漏液，充油、充气设备应无泄漏。

3.2.11 开关、插座、接线盒和风扇及附件的进场验收应包括下列内容：

1 查验合格证：合格证内容填写应齐全、完整。

2 外观检查：开关、插座的面板及接线盒盒体应完整、无碎裂、零件齐全，风扇应无损坏、涂层完整，调速器等附件应适配。

3 电气和机械性能检测：对开关、插座的电气和机械性能应进行现场抽样检测，并应符合下列规定：

1）不同极性带电部件间的电气间隙不应小于3mm，爬电距离不应小于3mm；

2）绝缘电阻值不应小于5MΩ；

3）用自攻锁紧螺钉或自切螺钉安装的，螺钉与软塑固定件旋合长度不应小于8mm，绝缘材料固定件在经受 10 次拧紧退出试验后，应无松动或掉渣，螺钉及螺纹应无损坏现象；

4）对于金属间相旋合的螺钉螺母，拧紧后完全退出，反复 5 次后，应仍然能正常使用。

4 对开关、插座、接线盒及面板等绝缘材料的耐非正常热、耐燃和耐漏电起痕性能有异议时，应按批抽送有资质的试验室检测。

5 生产场所消防管理

5.1 建筑防火

5.1.1 本条评价项目的查评依据如下。

依据 1 参照 2.1.1 条【依据 1】《中华人民共和国消防法》（2008 年修订）第十六条（四）的相关规定

依据 2 《火力发电厂与变电站设计防火规范》（GB 50229—2006）

4.0.8 油浸变压器与汽机房、屋内配电装置楼、主控楼、集中控制楼及网控楼的间距不应小于 10m。

6.6.2 油量为 2500kg 及以上的屋外油浸变压器之间的最小间距应符合表 6.6.2 的规定。

表 6.6.2   屋外油浸变压器之间的最小间距（m）

电压等级	最小间距
35kV 及以下	5
66kV	6
110kV	8
220kV 及以上	10

6.6.3 当油量为 2500kg 及以上的屋外油浸变压器之间的防火间距不能满足表 6.6.2 的要求时，应设置防火墙。

防火墙的高度应高于变压器油枕，其长度不应小于变压器的贮油池两侧各 1m。

6.6.4 油量为 2500kg 及以上的屋外油浸变压器或电抗器与本回路油量为 600kg 以上且 2500kg 以下的带油电气设备之间的防火间距不应小于 5m。

11.1.4 变电站内各建（构）筑物及设备的防火间距不应小于表 11.1.4 的规定。

表 11.1.4 变电站内建（构）筑物及设备的防火间距（m）

建（构）筑物名称			丙、丁、戊类生产建筑		屋外配电装置		可燃介质电容器（室、棚）	总事故贮油池	生活建筑	
			耐火等级		每组断路器油量（t）				耐火等级	
			一、二级	三级	<1	≥1			一、二级	三级
丙、丁、戊类生产建筑	耐火等级	一、二级	10	12	—	10	10	5	10	12
		三级	12	14		10	10	5	12	14
屋外配电装置	每组断路器油量（t）	<1	—		—		10	5	10	12
		≥1	10				10	5	10	12
油浸变压器	单台设备油量（t）	5～10	10		见变压器防火间距表		10	5	15	20
		>10～50	10				10	5	20	25
		>50							25	30
可燃介质电容器（室、棚）			10		10		—	5	15	20
总事故贮油池			5		5		5	—	10	12
生活建筑	耐火等级	一、二级	10	12	10		15	10	6	7
		三级	12	14	12		20	10	7	8

注 1 建（构）筑物防火间距应按相邻两建（构）筑物外墙的最近距离计算，如外墙有凸出的燃烧构件时，则应从其凸出部分外缘算起。

2 相邻两座建筑两面的外墙为非燃烧体且无门窗洞口、无外露的燃烧屋檐，其防火间距可按本表减少 25%。

3 相邻两座建筑较高一面的外墙如为防火墙时，其防火间距不限，但两座建筑物门窗之间的净距不应小于 5m。

4 生产建（构）筑物侧墙外 5m 以内布置油浸变压器或可燃介质电容器等电气设备时，该墙在设备总高度加 3m 的水平线以下及设备外廓两侧各 3m 的范围内，不应设有门窗、洞口；建筑物外墙距设备外廓 5m～10m 时，在上述范围内的外墙可设甲级防火门，设备高度以上可设防火窗，其耐火极限不应小于 0.90h。

5.2 安全疏散、安全出口、应急照明

5.2.1 本条评价项目的查评依据如下。

依 据 1 参照 4.2.1 条【依据 1】

依 据 2 参照 4.2.1 条【依据 2】

依 据 3 《火力发电厂与变电站设计防火规范》(GB 50229—2006)

11.7.2 火灾应急照明和疏散标志应符合下列规定：

1 户内变电站、户外变电站主控通信室、配电装置室、消防水泵房和建筑疏散通道应设置应急照明。

2 地下变电站的主控通信室、配电装置室、变压器室、继电器室、消防水泵房、建筑疏散通道和楼梯间应设置应急照明。

3 地下变电站的疏散通道和安全出口应设发光疏散指示标志。

4 人员疏散用的应急照明的照度不应低于 0.5lx，继续工作应急照明不应低于正常照明照度值的 10%。

5 应急照明灯宜设置在墙面或顶棚上。

5.2.2 本条评价项目的查评依据如下。

依 据 参照 4.2.2 条【依据 1】、【依据 2】

5.2.3 本条评价项目的查评依据如下。

依 据 参照 4.2.3 条【依据 1】、【依据 2】

5.2.4 本条评价项目的查评依据如下。

依 据 1 参照 4.2.4 条【依据 1】

依 据 2 参照 4.2.4 条【依据 2】

依 据 3 《火力发电厂与变电站设计防火规范》(GB 50229—2006)

11.4.1 变压器室、电容器室、蓄电池室、电缆夹层、配电装置室的门应向疏散方向开启；当门外为公共走道或其他房间时，该门应采用乙级防火门。配电装置室的中间隔墙上的门应采用由不燃材料制作的双向弹簧门。

5.3　消防控制室

5.3.1　本条评价项目的查评依据如下。

依　据　参照 4.3.1 条【依据 1】、【依据 2】

5.3.2　本条评价项目的查评依据如下。

依　据　参照 4.3.2 条【依据】

5.3.3　本条评价项目的查评依据如下。

依　据　参照 4.3.3 条【依据 1】、【依据 2】

5.4　灭火器材

5.4.1　本条评价项目的查评依据如下。

依　据 1　参照 4.4.1 条【依据】

依　据 2　《电力设备典型消防规程》（DL 5027—2015）

附录 G.1　灭火器配置原则

G.1.3　油箱、油罐容器附近宜配置磷酸铵盐干粉灭火器和水成膜泡沫灭火器，避免容器壁的高温造成灭火后再复燃的现象。

G.1.4　油浸变压器、油箱、油罐等有场地条件的场所，以及严重危险级场所宜设置推车式灭火器。

G.1.5　同一场所尽量采用相同类型和操作方法的灭火器。

G.2.1　为简化变电站灭火器和黄砂的配置计算，主要采用磷酸铵盐干粉灭火器进行选用示例，在条件相符时变电站现场灭火器和黄砂配置可按表 G.2.1-4～表 G.2.1-7 的规定采用，实际工程应根据相关规定进行计算、调整。

表 G.2.1-4　　　　　典型 500kV 变电站现场灭火器和黄砂配置表

灭火器材配置部位	水成膜泡沫		磷酸铵盐干粉					黄砂		灭火级别	保护面积（m²）	危险等级	备注
	9L	45L	2kg	3kg	4kg	5kg	50kg	桶（25L）	箱（1.0m³）				
一、主控通信楼													共 3 层

续表

灭火器材配置部位	水成膜泡沫		磷酸铵盐干粉					黄砂		灭火级别	保护面积(m²)	危险等级	备注
	9L	45L	2kg	3kg	4kg	5kg	50kg	桶(25L)	箱(1.0m³)				
1 控制室	—	—	—	—	—	1	—	—	—	E（A）	70	严重	三层
2 通信机房	—	—	—	—	—	1	—	—	—	E（A）	70	严重	三层
3 三层其他区域	—	—	2	—	—	—	—	—	—	A	200	轻	值班室、会议室、资料室
4 控制保护设备室	—	—	—	4	—	—	—	—	—	E（A）	400	中	二层
5 蓄电池室	—	—	—	—	2	—	—	—	—	C（A）	70	中	二层
6 配电装置室	—	—	—	4	—	—	—	—	—	E（A）	400	中	二层
7 一层其他区域	—	—	—	2	—	—	—	—	—	A	140	轻	备品间、工具间、门厅、走廊
二、继电器室	—	—	—	4×2	—	—	—	—	—	E（A）	4×240	中	4座
三、站用电室	—	—	—	2	—	—	—	—	—	E（A）	144	中	—
四、检修间	—	—	2	—	—	—	—	—	—	混合（A）	160	轻	—
五、备品间	—	—	—	2	—	—	—	—	—	混合（A）	120	中	—
六、消防水泵房	—	—	—	—	2	—	—	—	—	B	108	中	—
七、警卫传达室	—	—	2	—	—	—	—	—	—	A	50	轻	—
八、主变压器	—	—	—	—	—	—	4×2	—	4×3	B	12×120	中	12只变压器共用
九、室外配电装置	—	—	—	—	—	—	—	40	—	—	—	—	—

表 G.2.1-5 典型 220kV 变电站现场灭火器和黄砂配置表

灭火器材配置部位	磷酸铵盐干粉			黄砂		灭火级别	保护面积(m²)	危险等级	备注
	4kg	5kg	50kg	桶(25L)	箱(1.0m³)				
控制室	—	2	—	—	—	E（A）	150	严重	—
通信机房	3	—	—	—	—	E（A）	150	中	—

灭火器材配置部位	磷酸铵盐干粉			黄砂		灭火级别	保护面积（m²）	危险等级	备注
	4kg	5kg	50kg	桶（25L）	箱（1.0m³）				
继电器室、继保室	3	—	—	—	—	E（A）	150	中	—
配电装置室	5	—	—	—	—	E（A）	250	中	—
室内油浸主变压器室	6	—	2	—	—	混合	150	中	—
室内油浸主变压器散热器室	4	—	—	—	—	混合	100	中	—
电容室	2	—	—	—	—	混合	100	中	—
电抗器室	2	—	—	—	—	混合	100	中	—
蓄电池室	2	—	—	—	—	C	100	中	—
站用变压器室、接地变压器室	2	—	—	—	—	混合	100	中	—
电缆 夹层	16	—	—	—	—	E	800	中	—
电缆 竖井	2	—	—	—	—	E	100	中	—
室内其他区域	2	—	—	—	—	A	100	轻	办公室、资料室、会议室、安全用具室、备品间等
室外油浸主变压器	—	—	4	—	1	B、E	—	中	砂箱为每台主变压器数，每只砂箱配备3把～5把消防铲
站内公用设施	6	—	—	15	—	—	—	—	消防黄砂桶应采用铅桶，每两桶配备一把消防铲，每四桶配备一把消防斧

表 G.2.1-6　　　　典型 110kV 变电站现场灭火器和黄砂配置表

灭火器材配置部位	磷酸铵盐干粉			黄砂		灭火级别	保护面积（m²）	危险等级	备注
	4kg	5kg	50kg	桶（25L）	箱（1.0m³）				
控制室	—	2	—	—	—	E（A）	100	严重	—
继电器室、继保室	2	—	—	—	—	E（A）	100	中	—
配电装置室、二次设备室	4	—	—	—	—	E（A）	200	中	—
室内油浸主变压器室	4	—	2	—	—	混合	100	中	—
室内油浸主变压器散热器室	2	—	—	—	—	混合	50	中	—

灭火器材配置部位	磷酸铵盐干粉			黄砂		灭火级别	保护面积（m²）	危险等级	备注
	4kg	5kg	50kg	桶（25L）	箱（1.0m³）				
电容器室	2	—	—	—	—	混合	100	中	—
电抗器室	2	—	—	—	—	混合	100	中	—
蓄电池室	2	—	—	—	—	C	100	中	—
站用变压器室、接地变压器室	2	—	—	—	—	混合	100	中	—
电缆 夹层	10	—	—	—	—	E	500	中	—
电缆 竖井	2	—	—	—	—	E	100	中	—
室内其他区域	2	—	—	—	—	A	100	轻	办公室、资料室、会议室、安全用具室、备品间等
室外油浸主变压器	—	2	—	—	1	B、E	—	中	砂箱为每台主变压器数，每只砂箱配备3把~5把消防铲
站内公用设施	4	—	—	10	—	—	—	—	消防黄砂桶应采用铅桶，每两桶配备一把消防铲，每四桶配备一把消防斧

表 G.2.1-7　　　典型 35kV 变电站现场灭火器和黄砂配置表

灭火器材配置部位	磷酸铵盐干粉			黄砂		灭火级别	保护面积（m²）	危险等级	备注
	4kg	5kg	50kg	桶（25L）	箱（1.0m³）				
控制室	—	2	—	—	—	E（A）	100	严重	—
配电装置室、二次设备室	3	—	—	—	—	E（A）	150	中	—
室内油浸主变压器室	4	—	2	—	—	混合	100	中	—
室内油浸主变压器散热器室	2	—	—	—	—	混合	50	中	—
电容器室	2	—	—	—	—	混合	100	中	—
电抗器室	2	—	—	—	—	混合	100	中	—
蓄电池室	2	—	—	—	—	C	100	中	—
站用变压器室、接地变压器室	2	—	—	—	—	混合	100	中	—
电缆 夹层	8	—	—	—	—	E	400	中	—
电缆 竖井	2	—	—	—	—	E	100	中	—
室内其他区域	2	—	—	—	—	A	100	轻	办公室、资料室、会议室、安全用具室、备品间等

灭火器材配置部位	磷酸铵盐干粉			黄砂		灭火级别	保护面积（m²）	危险等级	备注
	4kg	5kg	50kg	桶（25L）	箱（1.0m³）				
室外油浸主变压器	—	—	1	—	1	B、E	—	中	砂箱为每台主变压器数，每只砂箱配备3把～5把消防铲
站内公用设施	3	—	—	5	—	—	—	—	消防黄砂桶应采用铅桶，每两桶配备一把消防铲，每四桶配备一把消防斧

5.4.2 本条评价项目的查评依据如下。

〖依　据〗 参照 4.4.2 条【依据】

5.4.3 本条评价项目的查评依据如下。

〖依　据〗 参照 4.4.3 条【依据】

5.4.4 本条评价项目的查评依据如下。

〖依　据〗《电力设备典型消防规程》（DL 5027—2015）

6.1.7 消防设施周围不得堆放其他物件。消防用砂应保持足量和干燥。灭火器箱、消防砂箱、消防桶和消防铲、斧把上应涂红色。

5.5 火灾自动报警系统

5.5.1 本条评价项目的查评依据如下。

〖依　据〗 参照 4.5.1 条【依据 1】、【依据 2】

5.5.2 本条评价项目的查评依据如下。

〖依　据 1〗 参照 4.5.2 条【依据 1】

〖依　据 2〗 参照 4.5.2 条【依据 2】

〖依　据 3〗 参照 4.5.2 条【依据 3】

〖依　据 4〗《火力发电厂与变电站设计防火规范》（GB 50229—2006）

11.5.21 变电站主要设备用房和设备火灾自动报警系统应符合表 11.5.21 的规定。

表 11.5.21   主要建（构）筑物和设备火灾探测报警系统

建筑物和设备	火灾探测器类型	备注
主控通信室	感烟或吸气式感烟	
电缆层和电缆竖井	线型感温、感烟或吸气式感烟	
继电器室	感烟或吸气式感烟	
电抗器室	感烟或吸气式感烟	如选用含油设备时，采用感温
可燃介质电容器室	感烟或吸气式感烟	
配电装置室	感烟、线型感烟或吸气式感烟	
主变压器	线型感温或吸气式感烟（室内变压器）	

11.5.23   户内、外变电站的消防控制室应与主控制室合并设置，地下变电站的消防控制室宜与主控制室合并设置。

5.5.3   本条评价项目的查评依据如下。

依　据　参照 4.5.3 条【依据 1】、【依据 2】、【依据 3】

5.5.4   本条评价项目的查评依据如下。

依　据　参照 4.5.4 条【依据】

5.5.5   本条评价项目的查评依据如下。

依　据　参照 4.5.5 条【依据】

5.5.6   本条评价项目的查评依据如下。

依　据　《火力发电厂与变电站设计防火规范》（GB 50229—2006）

11.5.20   下列场所和设备应采用火灾自动报警系统：

1   主控通信室、配电装置室、可燃介质电容器室、继电器室。

2   地下变电站、无人值班的变电站，其主控通信室、配电装置室、可燃介质电容器室、继电器室应设置火灾自动报警系统，无人值班变电站应将火警信号传至上级有关单位。

3   采用固定灭火系统的油浸变压器。

4   地下变电站的油浸变压器。

5   220kV 及以上变电站的电缆夹层及电缆竖井。

6 地下变电站、户内无人值班的变电站的电缆夹层及电缆竖井。

5.6 消防水系统

5.6.1 本条评价项目的查评依据如下。

依据 1 参照 4.6.1 条【依据 1】

依据 2 参照 4.6.1 条【依据 2】

依据 3 《火力发电厂与变电站设计防火规范》（GB 50229—2006）

11.5.1 变电站的规划和设计，应同时设计消防给水系统。消防水源应有可靠的保证。

注：变电站内建筑物满足耐火等级不低于二级，体积不超过 3000m³，且火灾危险性为戊类时，可不设消防给水。

11.5.3 变电站建筑室外消防用水量不应小于表 11.5.3 的规定。

表 11.5.3   室外消火栓用水量（L/s）

建筑物耐火等级	建筑物火灾危险性类别	建筑物体积（m）				
		≤1500	1501～3000	3001～5000	5001～20000	20001～50000
一、二级	丙类	10	15	20	25	30
	丁、戊类	10	10	10	15	15

注：当变压器采用水喷雾灭火系统时，变压器室外消火栓用水量不应小于 10L/s。

11.5.6 变电站建筑室内消防用水量不应小于表 11.5.6 的规定。

表 11.5.6   室内消火栓用水量

建筑物名称	高度、层数、体积	消火栓用水量（L/s）	同时使用水枪数量（支）	每支水枪最小流量（L/s）	每根竖管最小流量（L/s）
主控通信楼、配电装置楼、继电器室、变压器室、电容器室、电抗器室	高度≤24m 体积≤10000m³	5	2	2.5	5
	高度≤24m 体积＞10000m³	10	2	5	10
	高度 24m～50m	25	5	5	15

续表

建筑物名称	高度、层数、体积	消火栓用水量（L/s）	同时使用水枪数量（支）	每支水枪最小流量（L/s）	每根竖管最小流量（L/s）
其他建筑	高度≥6层或体积≥10000m³	15	3	5	10

11.5.8 当室内消防用水总量大于 10L/s 时，地下变电站外应设置水泵接合器及室外消火栓。水泵接合器和室外消火栓应有永久性的明显标志。

11.5.11 一组消防水泵的吸水管不应少于 2 条；当其中 1 条损坏时，其余的吸水管应能满足全部用水量。吸水管上应装设检修用阀门。

11.5.14 消防水泵应设置备用泵，备用泵的流量和扬程不应小于最大一台消防泵的流量和扬程。

5.6.2 本条评价项目的查评依据如下。

依 据 参照 4.6.2 条【依据】

5.6.3 本条评价项目的查评依据如下。

依 据 参照 4.6.3 条【依据】

5.6.4 本条评价项目的查评依据如下。

依 据 参照 4.6.4 条【依据 1】、【依据 2】、【依据 3】

5.6.5 本条评价项目的查评依据如下。

依 据 《火力发电厂与变电站设计防火规范》（GB 50229—2006）

11.5.4 单台容量为 125MV·A 及以上的主变压器应设置水喷雾灭火系统、合成型泡沫喷雾系统或其他固定式灭火装置。其他带油电气设备，宜采用干粉灭火器。地下变电站的油浸变压器，宜采用固定式灭火系统。

5.7 泡沫灭火系统

5.7.1 本条评价项目的查评依据如下。

依 据 《泡沫灭火系统设计规范》（GB 50151—2010）

3.1.1 泡沫液、泡沫消防水泵、泡沫混合液泵、泡沫液泵、泡沫比例混合器（装置）、压力容器、泡沫产生装置、火灾探测与启动控制装置、控制阀门及管道等，必须采用经国家产品质量监督检验机构检验合格的产品，且必须符合系统设计要求。

3.7.1　泡沫灭火系统中所用的控制阀门应有明显的启闭标志。

5.8　气体灭火系统

5.8.1　本条评价项目的查评依据如下。

依　据　参照 4.7.1 条【依据 2】

5.9　电缆和防火封堵

5.9.1　本条评价项目的查评依据如下。

依　据 1　参照 4.8.1 条【依据 1】

依　据 2　参照 4.8.1 条【依据 2】

依　据 3　《火力发电厂与变电站设计防火规范》（GB 50229—2006）

11.3.1　电缆从室外进入室内的入口处、电缆竖井的出入口处、电缆接头处、主控制室与电缆夹层之间以及长度超过 100m 的电缆沟或电缆隧道，均应采取防止电缆火灾蔓延的阻燃或分隔措施，并应根据变电站的规模及重要性采取下列一种或数种措施：

1　采用防火隔墙或隔板，并用防火材料封堵电缆通过的孔洞。

2　电缆局部涂防火涂料或局部采用防火带、防火槽盒。

11.3.2　220kV 及以上变电站，当电力电缆与控制电缆或通信电缆敷设在同一电缆沟或电缆隧道内时，宜采用防火槽盒或防火隔板进行分隔。

11.3.3　地下变电站电缆夹层宜采用 C 类或 C 类以上的阻燃电缆。

5.9.2　本条评价项目的查评依据如下。

依　据　参照 4.8.2 条【依据】

5.10　油浸变压器

5.10.1　本条评价项目的查评依据如下。

依　据 1　《电力设备典型消防规程》（DL 5027—2015）

10.3.1　固定自动灭火系统，应符合下列要求：

1　变电站单台容量为 125MVA 及以上的油浸变压器应设置固定自动灭火系统及火灾自动报警系统；变压器排油注氮灭火装置和泡沫喷雾灭火装置的火灾报警系统宜单独设置。

4　干式变压器可不设置固定自动灭火系统。

10.3.6　户外油浸变压器之间设置防火墙时应符合下列要求：

1　防火墙的高度应高于变压器储油柜；防火墙的长度不应小于变压器的贮油池两侧各 1.0m。

2　防火墙与变压器散热器外廓距离不应小于 1.0m。

3　防火墙应达到一级耐火等级。

10.3.7　变压器事故排油应符合下列要求：

1　设置有带油水分离措施的总事故油池时，位于地面之上的变压器对应的总事故油池容量应按最大一台变压器油量的 60%确定；位于地面之下的变压器对应的总事故油池容量应按最大一台主变压器油量的 100%确定。

2　事故油坑设有卵石层时，应定期检查和清理，以不被淤泥、灰渣及积土所堵塞。

10.7.3　户内布置的单台电力电容器油量超过 100kg 时，应有贮油设施或挡油栏。

户外布置的电力电容器与高压电气设备需保持 5.0m 及以上的距离，防止事故扩大。

依据 2　《火力发电厂与变电站设计防火规范》（GB 50229—2006）

6.6.6　屋内单台总油量为 100kg 以上的电气设备，应设置贮油或挡油设施。挡油设施的容积宜按油量的 20%设计，并应设置能将事故油排至安全处的设施。当不能满足上述要求时，应设置能容纳全部油量的贮油设施。

6.6.7　屋外单台油量为 1000kg 以上的电气设备，应设置贮油或挡油设施。挡油设施的容积宜按油量的 20%设计，并应设置将事故油排至安全处的设施；当不能满足上述要求且变压器未设置水喷雾灭火系统时，应设置能容纳全部油量的贮油设施。

当设置有油水分离措施的总事故贮油池时，其容量宜按最大一个油箱容量的 60%确定。

贮油或挡油设施应大于变压器外廓每边各 lm。

6.6.8　贮油设施内应铺设卵石层，其厚度不应小于 250mm，卵石直径宜为 50mm～80mm。

11.2.2　地下变电站的变压器应设置能贮存最大一台变压器油量的事故贮油池。

5.11 排油注氮系统

5.11.1 本条评价项目的查评依据如下。

依据 1 《油浸变压器排油注氮装置技术规范》（CEC S187—2005）

3.1.2 排油注氮装置的氮气瓶应符合现行国标《钢质无缝气瓶》GB 5099 的有关规定，其配置应符合下表的规定。

氮气瓶配置表

油浸变压器容量（MV·A）	小于或等于 50	大于 50 且小于或等于 360	大于 360
单位氮气瓶容积（L）	40	40	63
氮气瓶数量（个）	1	2	2
氮气瓶工作压力（20°，MPa）	15±0.5	15±0.5	15±0.5
注氮工作压力（MPa）	0.5～0.8	0.5～0.8	0.5～0.8

3.2.4 消防柜宜靠近变压器布置。

3.2.5 控制柜宜安装在相关控制室内。在无人巡视的场所，应能将信息远传至有人监控的场所。

3.2.6 控制室应能指示排油注氮装置的工作状态和启动排油注氮装置的动作。

3.2.7 消防柜排油管应接至事故油池或储油罐等变压器事故泄油设施。

3.3.6 消防柜的工作环境温度为−5℃～55℃，当不符合规定时，应采取防护措施。

依据 2 《电力设备典型消防规程》（DL 5027—2015）

10.3.3 采用排油注氮灭火装置应符合下列要求：

1 排油注氮灭火系统应有防误动的措施。

2 排油管路上的检修阀处于关闭状态时，检修阀应能向消防控制柜提供检修状态的信号。消防控制柜接收到消防启动信号后，应能禁止灭火装置启动实施排油注氮动作。

3 消防控制柜面板应具有如下显示功能的指示灯或按钮：指示灯自检，消音，阀门（包括排油阀、氮气释放阀等）位置（或状态）指示，自动启动信号指示，气瓶压力报警信号指示等。

4 消防控制柜同时接收到火灾探测装置和气体继电器传输的信号后,发出声光报警信号并执行排油注氮动作。

5 火灾探测器布线应独立引线至消防端子箱。

5.11.2 本条评价项目的查评依据如下。

依据 《油浸变压器排油注氮装置技术规范》(CECS 187—2005)

4.5.4 竣工验收时,施工、建设单位应提供下列资料:

1 验收申请报告和公安消防机构的审批文件;

2 排油注氮装置验收表;

3 设计变更文件;

4 管道吹扫记录表和管道试压记录表;

5 测试报告;

6 安装使用说明书和产品出厂合格证;

7 与装置相关的电源、备用动力、电气设备以及联动控制设备等验收合格的证明;

8 管理、维护人员登记表。

5.1.4 排油注氮装置正式启用时,应具备下列条件:

1 本规程第 4.5.4 条所规定的技术资料;

2 值班员职责规定;

3 操作规程和流程图;

4 装置的检查记录表;

5 已建立排油注氮装置的技术档案;

6 数字化智能型装置的电脑软件备份。

5.2.1 每周应对氮气瓶压力进行一次巡查,应按本规程附录 D 的格式填写"氮气压力记录表"。

5.2.2 每月应对装置的外观进行检查,应按本规程附录 E 的格式填写"排油注氮装置月检查记录表"。检查内容和要求应符合下列规定:

1 对消防柜中所有零部件进行外观检查,表面应无锈蚀,无机械性损伤;

2 检查排油管、注氮管、法兰和排气旋塞应无渗漏现象;

3 检查控制柜电源、信号灯和蜂鸣器,应正常工作。

5.2.4 对检查和试验中发现的问题应及时解决，对损坏或不合格的部件应立即更换，并应使装置恢复到正常状态。

附录 D 氮气压力记录表

表 D　　　　　　　　　　氮 气 压 力 记 录 表　　　　　　　年　月　日

变电站名称		变压器编号	
变压器容量（MV·A）		电压等级（kV）	
装置竣工日期		装置投运日期	

序号	时间 （月　日　时　分）	气温 （℃）	氮气压力 （MPa）	检查人 （签字）	负责人 （签字）

注　每周对氮气瓶的压力进行巡查，并按规定填写。

附录 E 排油注氮装置月检查记录表

表 E　　　　　　　　　排油注氮装置月检查记录　　　　　　　年　月　日

变电站名称		变压器编号	
变压器容量（MV·A）		电压等级（kV）	
装置竣工日期		装置投运日期	

序号	时间 （月日）	零部件 外观检查	管道、法兰和排气旋 塞有无渗漏现象	控制柜电源、信号灯 和蜂鸣器是否正常	检查人 （签字）	负责人 （签字）

5.12 防排烟系统

5.12.1 本条评价项目的查评依据如下。

依据 1 参照 4.9.1 条【依据】

依据 2 《电力设备典型消防规程》（DL 5027—2015）

12.3.5 油罐室、油处理室应设置通风排气装置。

5.13 消防供电

5.13.1 本条评价项目的查评依据如下。

依 据 《火力发电厂与变电站设计防火规范》（GB 50229—2006）

11.7.1 变电站的消防供电应符合下列规定：

1 消防水泵、电动阀门、火灾探测报警与灭火系统、火灾应急照明应按Ⅱ类负荷供电。

2 消防用电设备采用双电源或双回路供电时，应在最末一级配电箱处自动切换。

3 应急照明可采用蓄电池作备用电源，其连续供电时间不应少于20min。

4 消防用电设备应采用单独的供电回路，当发生火灾切断生产、生活用电时，仍应保证消防用电，其配电设备应设置明显标志。

5 消防用电设备的配电线路应满足火灾时连续供电的需要，当暗敷时，应穿管并敷设在不燃烧体结构内，其保护层厚度不应小于30mm；当明敷时（包括附设在吊顶内），应穿金属管或封闭式金属线槽，并采取防火保护措施。当采用阻燃或耐火电缆时，敷设在电缆井、电缆沟内可不采取防火保护措施；当采用矿物绝缘类等具有耐火、抗过载和抗机械破坏性能的不燃性电缆时，可直接明敷。宜与其他配电线路分开敷设，当敷设在同一井、沟内时，宜分别布置在井、沟的两侧。

5.14 其他

5.14.1 本条评价项目的查评依据如下。

依 据 参照 4.11.1 条【依据】

5.14.2 本条评价项目的查评依据如下。

> **依 据** 参照 4.11.2 条【依据】

5.14.3 本条评价项目的查评依据如下。

> **依 据** 参照 4.11.3 条【依据】

6 微型消防站建设

6.1 本条评价项目的查评依据如下。

> **依 据 1** 《机关、团体、企业、事业单位消防安全管理规定》(公安部第 61 号令)

第二十三条 单位应当根据消防法规的有关规定，建立专职消防队、义务消防队，配备相应的消防装备、器材，并组织开展消防业务学习和灭火技能训练，提高预防和扑救火灾的能力。

> **依 据 2** 《消防安全重点单位微型消防站建设标准(试行)》(公消〔2015〕301 号)

二、人员配备

(一)微型消防站人员配备不少于 6 人。

(二)微型消防站应设站长、副站长、消防员、控制室值班员等岗位，配有消防车辆的微型消防站应设驾驶员岗位。

(三)站长应由单位消防安全管理人兼任，消防员负责防火巡查和初起火灾扑救工作。

(四)微型消防站人员应当接受岗前培训；培训内容包括扑救初起火灾业务技能、防火巡查基本知识等。

三、站房器材

(一)微型消防站应设置人员值守、器材存放等用房，可与消防控制室合用；有条件的，可单独设置。

(二)微型消防站应根据扑救初起火灾需要，配备一定数量的灭火器、水枪、水带等灭火器材；配置外线电话、手持对讲机等通信器材；有条件的站点可选配消防头盔、灭火防护服、防护靴、破拆工具等器材。

(三)微型消防站应在建筑物内部和避难层设置消防器材存放点，可根据需要在建筑之间分区域设置消防器材存放点。

（四）有条件的微型消防站可根据实际选配消防车辆。

四、岗位职责

（一）站长负责微型消防站日常管理，组织制定各项管理制度和灭火应急预案，开展防火巡查、消防宣传教育和灭火训练；指挥初起火灾扑救和人员疏散。

（二）消防员负责扑救初起火灾；熟悉建筑消防设施情况和灭火应急预案，熟练掌握器材性能和操作使用方法，并落实器材维护保养；参加日常防火巡查和消防宣传教育。

（三）控制室值班员应熟悉灭火应急处置程序，熟练掌握自动消防设施操作方法，接到火情信息后启动预案。

五、值守联动

（一）微型消防站应建立值守制度，确保值守人员 24 小时在岗在位，做好应急准备。

（二）接到火警信息后，控制室值班员应迅速核实火情，启动灭火处置程序。消防员应按照"3 分钟到场"要求赶赴现场处置。

（三）微型消防站应纳入当地灭火救援联勤联动体系，参与周边区域灭火处置工作。

六、管理训练

（一）重点单位是微型消防站的建设管理主体，重点单位微型消防站建成后，应向辖区公安消防部门备案。

（二）微型消防站应制定并落实岗位培训、队伍管理、防火巡查、值守联动、考核评价等管理制度。

（三）微型消防站应组织开展日常业务训练，不断提高扑救初起火灾的能力。训练内容包括体能训练、灭火器材和个人防护器材的使用等。